阅读成就思想……

Read to Achieve

思考整理术
给思路胜过给方案

プロの思考整理術

[日] 和仁达也 ◎ 著　刘偲卓 ◎ 译

中国人民大学出版社
· 北京 ·

图书在版编目（CIP）数据

思考整理术：给思路胜过给方案／（日）和仁达也
著；刘偲卓译. -- 北京：中国人民大学出版社，2025.
1. -- ISBN 978-7-300-33422-6

Ⅰ．B804-49

中国国家版本馆CIP数据核字第2024F2P574号

思考整理术：给思路胜过给方案

［日］和仁达也　著

刘偲卓　译

SIKAO ZHENGLISHU : GEI SILU SHENGGUO GEI FANGAN

出版发行	中国人民大学出版社			
社　　址	北京中关村大街 31 号		**邮政编码**	100080
电　　话	010-62511242（总编室）		010-62511770（质管部）	
	010-82501766（邮购部）		010-62514148（门市部）	
	010-62515195（发行公司）		010-62515275（盗版举报）	
网　　址	http://www.crup.com.cn			
经　　销	新华书店			
印　　刷	天津中印联印务有限公司			
开　　本	890 mm×1240 mm　1/32		**版　次**	2025 年 1 月第 1 版
印　　张	7.75　插页 1		**印　次**	2025 年 1 月第 1 次印刷
字　　数	141 000		**定　价**	69.90 元

前　言

　　无论是在工作还是人际关系中，思维整理都能占到九成的分量!

　　本书将思考整理术介绍给那些"想要解开自己头脑中的困惑"的人，以及那些希望通过为客户、下属、朋友、家人等提供建议，得到他们由衷感谢并增进彼此关系的商务人士们。

　　无论你是否具备何种资格，也无论你的经验或知识量如何，一旦你学会这些方法，就可以立刻应用到你的工作和生活之中，并获得立竿见影的成效。若你能帮某位重要人物解忧，那一定会收获其丰厚的回报吧。

　　我在27岁时成为一名独立营销咨询师，至今已有20多年。如今，我在通过这种思考整理术赢得信赖、取得高额报酬的同时，也成功让自己的咨询业务持续了10年以上，更实现了连续15年以上年收入超3000万日元。

人们常说，咨询师是为解决客户问题而提供建议的职业典范。但事实上，在咨询的过程中，咨询师所需要做的并不是传授成功模式或专业知识。

在如今这个重视多样化、不追求唯一答案的时代，成功模式将在几年内就变得无用且过时。

况且，对方没问就擅自提出建议，这是"多管闲事"。顶级咨询师从不提供多余的建议，而是与客户共同思考，找出真正的问题，并让客户自己找到解决方案。

本书所介绍的思考整理术，正是这一过程的原动力。

目前，我除了为自己的客户提供营销咨询外，还向日本超过1000名顾问传授"和仁派"咨询方法，并在20多年时间里出版了14本书，还通过网站和电子杂志等方式不断提升自己的影响力。

"专业咨询师的思考整理术"是我工作的核心。本书将其尽可能简化，以供所有商务人士日常使用。

许多人称赞说，这一技巧不仅在工作中有效，也同样能用于改善私人关系。

这套思考整理术的独特之处在于，在咨询开始时，咨询师的脑海中并没有正确答案。

不过，通过我总结出的"思考整理的四个步骤"来不断提问，使用"着眼点""事例故事""图解"等工具加以辅助并不断对话，在数十分钟过后，解决方案就会浮现于眼前。这就像是一场寻宝之旅，其中充满着乐趣。

并且，随着深入地进行思维整理，我们可以从"解决已显现的问题"这一阶段，转向下一个阶段，即"发现并解决尚未意识到的问题"的阶段。至此，想必您也会和我的客户一样，感到无比兴奋。

毫不夸张地说，咨询师的工作全在于如何帮助客户整理思维。

作为一个年轻人，我是如何能够在没有业绩和知识储备的情况下，在 27 岁时创业成为咨询师，并且在这 20 年中一直成绩斐然的呢？原因就在于，我并非运用专业知识高屋建瓴地给予建议，而是不断打磨着自己的思考整理术，并以此来与客户共同解决问题。

在整理思维的过程中，着眼点是直接影响成果的关键因素。着眼于何处，往往决定了你能取得多大的成果。

有这么一个很有名的小故事。1991 年，台风 19 号猛烈袭击了青森县，造成大量苹果掉落。然而，因此蒙受损失的当地年轻农民却取得了巨大的成功。他们并未关注如何处理那九成掉下来的苹果，而是将目光放在那仅一成没有掉下来的苹果的"好运"上，将其作为"不落地苹果"（不落第）面向全国的考生进行销售。

从这个例子中可以看出，选择正确的着眼点，甚至能将看上去的悲剧变为成功美谈。

在本书中，除了"着眼点"外，我还将依次用每个章节详细解释思维整理的四步骤、事例故事和图解这几项内容。

我会将思考整理术毫无保留地传授给你，并向你讲述如何灵活地运用这些工具。由此，你将能更好地倾听重要人物的烦恼，并收获对方的谢意。

相信这些方法一定会对你的工作和生活有所帮助。

目　录

第 4 章　借助事例故事突破思维整理的瓶颈

第 5 章　思维整理的可视化——图示

序　言

整理好思维就不会觉得身心疲惫

思考整理术的四个步骤

本书所介绍的专业思考整理术，是一种全新的整理思维的方式。传统的方法通常用于整理自己的思维，以便在想法混乱或陷入困惑时厘清自己的想法。本书所提出的方法，则是一种应用到他人身上以帮助对方厘清思维的超强方法。

要掌握这种思考整理术，只需要记住以下四个简单步骤就够了（见图 0–1）。

第 1 步：确定主题；

第 2 步：了解现状；

第 3 步：描绘理想；

第 4 步：寻找（实现理想所需的）条件。

遵循三角形的图示依次执行这四个步骤，原本会让对方感到困惑、烦躁的思维就会变得清晰起来，从而使其心境也会随之明朗！

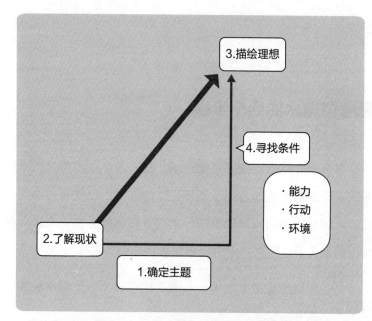

图 0–1　专业思考整理术的四个步骤

　　这听起来可能难以置信，但我已在 20 年里用这四个简单的步骤帮助很多人整理了思维。正因为我亲身体验过这种方法的神奇效果，所以我才决定在此分享给大家。

　　实际上，它也没什么高难度的技巧，详细内容我将在第 2 章进行阐述。

　　请务必亲自实践一下这超简单且可立即尝试的四个步骤吧！

能使对方迅速敞开心扉的思考整理术

最近大家是否有过心烦意乱到精疲力竭的经历？无论是与人交谈，还是在社交媒体上聊天，有人总是会顾虑重重"如果我这么说了，别人会怎么想我？""要是被误会了怎么办？"，等等。如今，因此而感到身心疲惫的人越来越多。

为了解决这一问题，本书提出了一种能够"无疲劳"、全新的沟通方式。

现在，不慎说出的言论或做出的行为，在网络上会很快被扩散，犯下的错误或纰漏将永久地被记录在案。即使是一句无心的话，也可能会被批评为"网络暴力"。因此，想把话说得谁都不得罪，真的非常难。

无论你多么小心，想努力完全避免错误和纰漏，确实是很辛苦的。

而且，现如今甚至有人会说"对别人说'加油'，可能反而会给对方带来压力"这种话。这种顾虑确实会让人即使想要鼓励处于困境中的人重振精神也会犹豫不决，不知道该如何开口。

本书所介绍的专业思考整理术，正好有助于摆脱这种人际关系中的疲惫感。

迄今为止，作为一名营销咨询师，也作为咨询师培训学校及讲座的主讲人，我了解过很多人的困扰，尤其是那些对人们来说重要的、真正的烦恼。

提到咨询师，可能很多人会想象一个提出革命性的想法，使企业戏剧性地重获新生的人。但实际上，我并不会为客户提供任何想法或解决方案。

我所做的，只是引导对方自己发现答案。在某一次，我突然意识到，这个过程实际上是在帮助对方整理思维。

或许你会想："自己脑海里的想法只能由自己来整理吧？"

但是，人的内心并非那么简单。正因如此，才会有人依赖占卜或宗教，试图请求他人来解决自己的问题。

本书所介绍的专业思考整理术有助于帮助对方走出这种困惑。

虽说是在帮助对方整理思维，但并不是通过心理技巧来操纵对方。我所实践的是一种不需要特别技巧的简单方法。

这种思考整理术的好处在于，你不必纠结于"要用什么话来激励对方"或"要用什么话来让对方鼓足干劲"之类的问题。

不必提出什么新颖的想法或建议，只需帮助对方厘清混乱的思维，对方就会迅速对你敞开心扉。比如，对方因为"和领导相处得不愉快"而烦恼。对方在倾诉时可能会发牢骚说"领导讨厌我""领导完全不听我的意见"，等等。

此时，通常的沟通方式是倾听并向对方表示同情，说些"那真惨啊""你又没做错什么"之类共情的话。如果不斟酌话语，说出"领导就不忙了吗"这样的话，对方可能就会认为你胳膊肘往外拐啊，从而迅速对你封闭内心。

在整理对方的思维时，不需要表示同情，也不需要发表自己的意见。

你可以像这样提问：

- "为什么你会觉得领导讨厌你呢？"
- "你希望领导听你说哪些意见？"
- "你希望与领导的关系是怎样的？"

在向对方抛出这些问题并让对方回答时，对方会逐渐冷静下来，最终自己想到"对啊，我应该找个时间和领导好好聊聊"，并豁然开朗。

当对方心情舒畅时，他可能会说："我和领导聊过之后再跟你说。"这样，对方就会信任你，并与你建立良好的沟通关系。

这种方法既能让你毫无压力地进行交流，也能让对方敞开心扉，进行无风险的愉快交流。这就是专业思考整理术的效果。

就算不鼓励对方说"加油"，通过思维整理，对方自己就会对自己说"我要努力"，并重新振作起来。此外，这种方法还能明确地告诉对方，自己和他是站在一起的，因此对方也会把你当成自己人。

专业思考整理术是超强的沟通话术，将会在当下及未来成为有力的武器。

消除对方烦躁和困惑的唯一方法

有一次，朋友说想介绍一个熟人给我认识，于是我们三个人一起吃了顿饭。

酒过三巡，气氛渐渐变得轻松起来。朋友说："你能听他说点事吗？最近他看起来没什么精神。"于是我听了下去。

他那位熟人（以下简称 A 先生）经营着一家 IT 公司，业务蒸蒸日上，员工也逐渐成长起来，可以放心地把工作交给员工了。按理说，这么好的情形，别说有烦恼了，应该叫顺风顺水才对。但事实并非如此。来看一下对话的场景。

A先生叹口气说："最近我总是提不起干劲来。"

我问："冒昧问一句，您是身体有什么不适吗？"

对方回答道："没有，我身体非常好。只是总感觉没什么动力。"

我问："您家里最近是出了什么事吗？"

对方答："也没有。妻子很健康，在家里教人插花，儿子也刚考上了大学。"

"那挺好啊。您觉得没精神，有多长时间了？"我又问道。

"这两年都这样。"他回答道。

他工作顺利，家庭和睦，身体上也看不出有什么问题。

为了找出让A先生如此烦恼的原因，我问他："最近有没有什么能让您感到兴奋的事情？"

"没有啊。"

"那是为什么呢？"

"最近去了公司也没事做，很轻松呀。"

虽然轻松的工作环境令人羡慕，但似乎让他觉得很空虚。

"两三年前是个什么情况呢？"

"两三年前，我花了很多精力在培训员工和解决问题上。"

"那时候您感觉兴奋吗？"

"有啊。那会儿去到公司就很开心。现在，员工已经能自己独当一面了，我就只是偶尔收发邮件而已。即使去公司，也就是看看情况就回来了，感觉闲得无聊。"

"您在公司里有归属感吗？"

听到我抛出的这个问题，A 先生的表情突然一怔。

A 先生之所以感到郁闷，就是因为"在公司里没有归属感"。

因此，我跟他聊了自己的经历："我在自主创业 10 年后，也曾对接下来该做什么感到困惑。那个时期，我做事也没什么精神。可能您现在正处于类似的阶段。"

然后他问我："那您是过了多久才走出这个阶段的？"

我答道："我那会儿，大概过了三年才找到新的目标。"

于是，A 先生若有所思地说："这么说来，我记得以前在别的公司上班时，也是掌握工作要领后就会迅速失去干劲，经历了一段很郁闷的时期。那时是因为调到了别的部门，才重新振作起来的。"

这个话题到此结束，之后我们聊了些闲话便散了。

几天后，我收到了 A 先生的一封感谢邮件："多亏了您，我又重新振作起来了！"

读到这里，可能有人会想："A 先生到底是怎么解决这个问题的？"也许还会有人觉得："这烦恼也没解决，也没得出结论啊。"

确实如此。当时我所做的并不是解决问题，而只是帮他进行了思维整理。

在这一对话过程中，我不断地向 A 先生提出问题来询问他的情况。除了分享一些自己的经历之外，我并没有给出任何建议。

即便如此，A 先生也豁然开朗了起来，并自己找到了解决方案。

实际上，我并没问过 A 先生他具体是如何克服这个问题的。

因为我觉得这件事并不需要我的介入，他只要自己想想，再采取某些措施就能解决。

在这个对话过程中，如果我建议他"为什么不找个上班以外的兴趣爱好呢？"那对话可能就会在"是啊"这样的回答中结束。

我并不了解他的情况，如果只听了几句话就给出解决方案的话，他肯定会觉得哪有那么简单的事。

专业思考整理术就是这样一种不必给出解决方案，却能轻松消除对方的烦恼和困惑的方法（见图 0–2）。

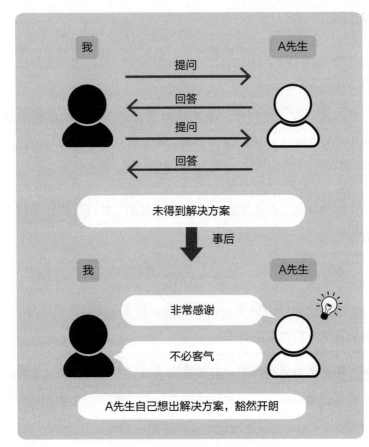

图 0-2　思维整理不需要提建议

每个人都不需要建议

　　面对一个正处于烦恼之中的人，大家会怎么做？

你会认真倾听对方的诉说，回复"真惨啊""我能理解"来和对方共情，并提出建议说："你这样试试呢？"对方可能会感谢你，你也会觉得自己做了一件好事。

但是，这种情况反复发生的话，人会觉得很累，不是吗？况且，这样做真的能解决对方的问题吗？

迄今为止，作为一名营销咨询师，我接触过很多企业家和员工，通过研讨会和培训班也结识了许多咨询师。经常有人向我咨询问题，问我该怎么办好。然而我发现，直接给出我的答案并非上策。比如，我向某位企业家建议道："您这样给那位员工提建议试试？"通常会有两种结果。

一种结果是，对方按我说的去做了。效果又分为两种：对方高兴地说进展很顺利；或者对方责怪说完全没有用。无论效果如何，责任都会落在我头上，而且对方自己解决问题的能力也不会因此得到提高。这样下去，对方就会更加依赖我，也不利于彼此之间建立良好的关系。

另一种结果是，对方没按我说的去做。对我而言，我会觉得"都特地给你建议了，为什么不去做呢"，从而心灰意冷。于对方而言，他也会因为没有按照我给的建议去做，而多少有些尴尬。进而，彼此之间就会产生隔阂。

无论是哪种情况，结果都不理想。

在营销咨询师的资历尚浅时，我也曾以为给对方提建议或方案会让他们高兴。

有一次，因为和某公司的老板关系不错，我经过研究后向他提了一些营销上的方案，讨论该如何推广该公司的产品。

我本以为对方会很高兴，没想到他却面露不悦地说："我并没想让和仁先生给我这种建议。"这句话如同晴天霹雳，瞬间让我的大脑一片空白。

我曾帮助那家公司摆脱粗放式经营，解决财务问题，并帮其制定了愿景和目标。但有关产品开发和出售的营销方案是老板所擅长的领域，他应该是不希望我插手这些事的。

老板自己是创业者，他选择了站在众人之上，成为自己领地的主人。他不喜欢别人在他的领地内对他说三道四，讲些"应该这样，应该那样"之类的话。因此，从那以后，只要他不问我，我就不再向他提建议了。

不仅是老板，大多数人其实都是这样。

虽然领导可以教员工如何做事，不过一旦涉及工作态度，比如"你工作再细致一些的话，效果会更好"，那员工可能就会觉得"领导居高临下地指责我"，从而心存芥蒂。这种例子并不在少数，尽管领导也是为了员工好，但员工对此并不能领情。

正在读这本书的你是否也有过这种经历？即使别人给你提出建议，你也没法坦然接受，心情会十分复杂。

人们大多没那么喜欢被别人提建议。

通过倾听许多人的烦恼，我挣扎着得出了一个结论："**烦恼的答案，就在对方自己心中，只是它隐藏在对方自己看不到的盲点里。**"

我的感受是，即使我向对方提了建议，只要这不是对方自己想出的解决方案，他们的内心就不会真正释怀。

在咨询过程中就能看出这一点。如果对方突然想到了解决方法，说着"啊，这样做不就行了吗"，在那一瞬间，他的面容甚至都会变得明亮。

当对方被烦恼和困惑所支配时，只有他们自己才能彻底摆脱这种情绪。

那么，我该扮演一个什么角色呢？

我的角色就是帮对方进行思维整理的引导者（见图0-3）。

我意识到，我不是什么顾问或老师，我只需要将帮助对方进行思维整理这一职责贯彻到底就好了。

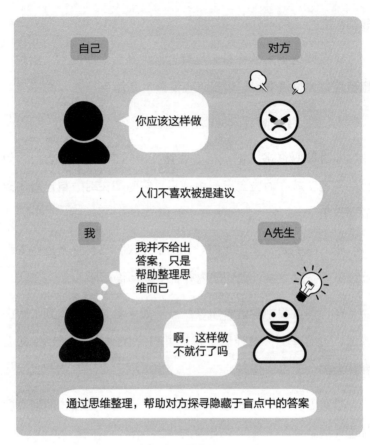

图 0-3　摆脱烦恼的答案就在对方心中

不必试图改变对方，只需整理思维就够了

思维整理不仅能帮助对方，也能让自己变得轻松，因此我

希望大家能够亲自去实践。

身为领导者，想必为了指导下属，读过许多关于领导力和指导方法方面的书籍，制定过各种制度，思考过可以实现的目标，也尝试过各种方法。

近年来，一对一的小会议逐渐成为主流，上级指导下属的时间也在不断增加。

但即使做了这么多的努力，下属可能仍然无法独自完成工作，或者无法达到领导所预期的效果。

如果下属能够自主行动并取得成果，而不需要他人去催促或施加压力，那么领导也能轻松很多。

专业思考整理术可以将这种想法变为现实。比如，你有一位下属，在工作中总是只输出 80% 的能力。如果他再努力点，是能够达到 120% 的，但他却总是对工作敷衍了事，这让领导非常着急。

这时候，领导一般会怎么做呢？很多领导会说，"你的能力应该不止这点"，尝试给予下属动力；或者说"所谓工作是这么一回事"来强调工作精神，甚至半胁迫地说"你一直这样，可没法加薪啊"之类的话。

无论如何，这些都是在试图改变对方。

但这样做很困难。

想改变自己已经很难了，要改变他人就更难了。如果不管你多么努力地进行说教或指导，对方都没有改变的话，那你对对方的期待越高，最后的失望就越大。

通过思维整理，你无需试图改变对方，他就会很自然地转换思维。

对于在工作中只输出 80% 的下属，简单粗暴地说些"加油""拼尽全力吧"之类的话，并不会真正起作用。

你可以沟通说：

- "你觉得工作充实吗？"
- "目前为止，你觉得自己工作最充实的时候大概有多投入？"

这些问题能很自然地让对方开始内省自己的工作。

通过思维整理，对方能察觉到之前未能察觉的问题，也能意识到自己真正想要做的事。意识到这些后，他们会自己想出对策并开始行动。

所以，你不需要去说教或指导对方。只需要解开对方混乱的思维并理顺它们，因此也无需夹杂个人情感。

你不必留意对方的表情，也不必担心说错话让对方不高兴。思考整理术是一种不会伤害任何人、也不会让任何人感到不快，能让所有人都感到幸福的沟通方式。

专业思维整理的另一个好处是，即使不向对方表达同情，也能让对方感到自己被理解了。

只需总结对方的话说："也就是说，山田先生您目前是处于这种情况下，我说得没错吧？"对方就会回应道："对对对，就是这样！"

不需要给出建议，只需带着向他们了解情况的语气问："是这么回事儿，对吧？"对方就会感到自己被理解了。

这样一来，他们就会想："得多跟他聊点我的事"，并感到"这个人能懂我"，从而敞开心扉。这也是一种"共情"。

要完全同意对方的每句话是很难的，试图从心底共情对方，会让自己感到疲惫。话又说回来，像"我懂你的感受"这样表面上的共情，也会让人感到愧疚，不是吗？

在整理思维时，你不需要勉强自己去共情，因此就不会感到疲惫（见图0-4）。

图 0-4　思考整理也不需要共情

思考整理也能让线上交流变得轻松

专业思考整理术的优点在于，它也同样适用于线上沟通。

我在与客户或培训班学员进行在线交流时，都会运用思考整理术。

自新冠疫情暴发以来，许多企业开始采用远程办公模式。不用每天去公司、不用挤满员电车、可以按照自己的节奏工作，远程办公的优点有很多，但它也有一些线上模式特有的问题。

在进行线上沟通时，准确判断对方是否接收了我们的信息变得尤为困难。同时，也很难把握插话的时机，双方同时发言的情况屡见不鲜。

没法轻松地闲聊，也不便观察对方的反应，线上交流不如面对面来得顺畅。许多人都说，在 Zoom 会议结束后会感到非常疲惫。

而这些疲惫感也可以通过思维整理加以缓解。

思维整理的重点不在于自己要说什么，而在于要让对方说什么。

因此，如果能让对方更加开放地自由表达，你就不需要考虑自己该如何说话。

在进行一对一交流时，如果选择线下，则需要精心挑选一个能让对方感到舒适的环境；而线上交流则具备其独特优势，即双方都只需选择一个无他人在场的空间，就可轻松交流。

如果对方是在自己家，他就会很放松，甚至还能进行一些平时聊不出口的私人对话或深层交流。

在这样的场景中整理思维，就会让对方知无不言、言无不尽，甚至可能取得比线下交流更好的效果。

近年来，和初次见面的人在网上洽谈或面谈的机会越来越多。对于那些不善于与他人沟通的人来说，这是一个机会。

在现实中，必须先通过闲聊让对方放松下来，或者说话时必须紧张地看着对方的脸。线上交流的目的更为明确，能更好地拉近彼此的距离。

线上交流时，直接进入正题也没关系。通过屏幕共享资料的话，也不需要一直盯着对方的脸看。

举个例子，保险销售员在与初次见面的客户接触时，不仅可以问一些常规问题，比如"关于保险，您有什么疑问吗？""您的预算大概是多少呢？"

还可以沟通一些更为深入的问题，比如"您为什么觉得自己现在不需要保险呢？""10年后，您期待和家人过上怎样的生活？"这些问题能逐步帮助对方整理思维。

有些在线下交流时难以启齿的话题，隔着屏幕反而更容易问出口。如果你不擅长沟通，请务必试试在线上进行思维整理吧（见图 0–5）。

图 0–5　思维整理的重点在于要让对方说什么

只要理顺对方的心情，他就会拿你当自己人

专业思考整理术广泛适用于从工作到私人生活的各种场合。无论在何种场合，只要你能帮助对方整理思维，就会赢得对方的信任，并让他们拿你当自己人。

通过思维整理，你能获得以下好处。

▎让对方想再次与你交谈

专业思考整理术完全可以对客户使用。

不过，这并不是为了让对方和你签合同，而是为了弄清对方的困扰（对他们来说重要的、真正的烦恼），并找到解决问题的途径，从而与对方建立起信任关系。

如果客户的烦恼是"公司的营业额没有提升"，不要直接建议说"考虑开展新业务如何"，而是要问"您是什么时候发现这一点的"。这样才能在推进对话的过程中更准确地把握情况。

客户可能就会意识到，实际上他所烦恼的并不是公司的营业额，而是下属们没有长进的问题。

通过上帝视角全面了解情况，他们就能找到自己真正的困扰。准确把握情况，就能让不安的情绪平静下来。

这样一来，他们就会觉得"仅聊聊天就能让人豁然开朗，我得跟这个人再聊一会儿"，从而敞开心扉。

下属会自主思考并行动

为了成为称职的领导，很多人会学习很多关于领导力的知识，比如如何运营团队、如何交代任务、如何总结工作，等等，并积极尝试以上各种各样的方法。

这些方法固然很有效，但会增加领导者的负担，难以长期坚持，最终使其陷入困局。

况且，如果费了这么多力气却仍未能让下属行动起来，自己就可能会被贴上"缺乏领导力"的标签。

这对领导者来说也是不公平的。

有句老话说："做给他看，说给他听，让他尝试。若不给予赞美，人不会主动。"

如果能做到这些，那确实很厉害。但是，如果你有很多下属，要一个个手把手地教就很困难。更何况，在当今时代，即使饭喂到嘴里也不愿意嚼的大有人在。

因为，如果人们不认同一件事，就很难付诸行动。

尤其是现在的年轻人。虽然他们会认真勤奋，但如果对"为什么要做这项工作"这件事心存疑虑，那么在解开这种困惑之前，他们就不会采取行动。

因此，是时候摒弃传统做法，尝试一种新的方式了。

我的想法是："让他说，整理他的思维，让他意识到问题所在，如此他才会主动。"

通过思维整理，你不需要催促下属，他们也会自发地行动起来。

为了让下属行动起来而说"这项工作就交给你了"之类的话，反而可能让他们感觉有压力，什么也做不成。

不妨问他："在工作进行中，有什么问题或顾虑吗？""完成这项工作后，你会有什么成长？"通过这样的思维整理，激发他们的主动性，让他们自己发动引擎，鼓起干劲去行动。

▌ 让你喜欢的人想"多和你在一起"

遗憾的是，在与妻子相识时，我还不知道专业思考整理术，否则我们的恋爱可能会更加浪漫。

不过相对于男性，女性会更倾向于找人倾诉她们的烦恼。

然而，很多男性往往会犯一个错误，那就是急于说"你应该这样做"来提供建议——大多数女性并不需要这样的建议。

比起建议，女性更希望寻求共情，希望有个人能听她们说就好。

因此，如果随便给出建议，反而可能让气氛变得更糟。

我也曾多次被妻子责怪说："我可没在问你的建议……"

所以我认为，在女性倾诉烦恼时，帮助她整理思维最能让她高兴。即使不提出任何建议，她们自己也能找到解决方案，感到心情舒畅，同时也会对你的倾听表示感谢。

这样一来，她们就会敞开心扉，萌生"想再对他倾诉一些""想多和他相处一会儿"这样的想法，从而对你另眼相看，感情日深。

女性对男性进行思维整理也是有效的。

虽然男性可能不太会主动倾诉烦恼，但如果你表现出"愿意倾听"的姿态，问他："你最近看起来不太开心，是发生了什么事吗？""工作上遇到什么问题了吗？"他们很可能就会开始倾诉。多数男性自尊心较强，因此比起提建议，思考整理术会让他们更开心。

即使不表示共情，他们也有很大可能会觉得"你理解我"，继而卸下伪装，敞开心扉。

█ 解决家人的烦恼

思考整理术同样适用于解决家人的困扰。

比如，夫妻常常会因家务分工问题而吵架。如果双方只是一味地坚持自己的立场，就永远没法解决问题。

这时，你就可以问："是不是我做的什么事情让你感到不满？如果我没意识到，你告诉我，我愿意改。"对方可能会抱怨说："你总是只顾自己，周末不是去钓鱼，就是出去喝酒，对我从来都是不闻不问的。我也上班，但所有家务都是我在做，这公平吗？"

这时不要急于反驳，而是要先承认问题，心平气和地说："原来你有这么多不满啊！我都没注意到，不好意思！那你理想的家庭生活应该是什么样的？"

这样一来，对方就会更容易提出妥协方案："我的理想状态是，你周末不要总是出去，也承担点家务。不用你全做，至少要把分担家务这事放在心上。"

通过这种方式，思考整理术同样可以帮助解决家庭中的实际问题，使家庭关系更加和谐。

当孩子在学校有烦心事时，思考整理术也能派上用场。

尤其是青春期的孩子。他们会有很多烦心事，也很难对父母袒露心声。而采用专业思考整理术，能让他们减轻心灵的负担，从而坦诚地表达自我。

熟练使用思考整理术，能减少家人之间的冲突，使得家庭关系变得圆满。

▌ 让朋友和后辈信赖自己

在和自己的老朋友一起娱乐、聊天或私下交流时，请多运用一下思考整理术吧。

如果在一个兴趣社团中，当老成员和新成员发生冲突，社团面临分裂的时候，你可以这样沟通："在什么条件下，大家才会继续留在社团里呢？"如此让大家发表意见，就能让大家冷静下来。在大家各自发表意见时，顺势说："那么，大家就一起朝这个方向努力吧！"

在互相交换意见的过程中，大家可能就会意识到"还是得大家一起努力啊"，从而雨过天晴，使团队变得更为团结。

如果在所有人都发表过意见后，分歧依旧无法得到调和，那么分裂未尝不是一种选择。

整理思维时会得到的五个好处，如图 0-6 所示。

只要不是吵到剑拔弩张、不欢而散的地步，大家都能以积极的态度重新开始。如果能在这种激烈交流的场合整理大家的思维，即使不说"大家一起加油吧"这类的话来鼓励自己、团结集体，也能让别人自然而然地觉得这人值得信赖。

怎么样？你意下如何？专业思考整理术，在各种场合都能发挥出惊人的效果！

我会从第 2 章开始说明具体的方法。但在这之前，我将在接下来的第 1 章中，会说明一些在对别人使用思考整理术之前需要了解的事项。

图 0-6　整理思维时会得到的五个好处

第 1 章

在整理对方思维前你需要知道的事

思维整理能够做到两件事

专业思考整理术可以做到两件事情：

1. 了解情况（事实）；
2. 平复情绪。

接下来我将举一个私人的例子来说明这一点。

有一次，我母亲打电话给我说，她在常去的药店遇到了不愉快的事。药师说药费是 2200 日元，结果她付了 1 万日元，但对方只找给她 2800 日元。

她说："我付了 1 万日元啊，少找了我 5000 日元。"可是，对方却坚决地说："我没有少找钱。"

双方反复争论着"找的钱不够""够的"之类的话。直到母亲说"那请看下收银机，里面有 1 万日元的钞票吗？"对方这才承认有，并不情愿地找给了她 5000 日元。

就算这样，对方也没有道歉，反而一副"错不在我"的态度，于是母亲郁闷地回到了家。

随后药店打来了电话，她本以为肯定是打来道歉的，不曾想对方却说："我重新算了一下，那 5000 日元还是对不上账。"

于是无休止的争论又开始了，最终母亲强行挂断了电话。接着，她气愤地打电话来跟我说道："刚才发生了一件糟心事！"

此时，她已经拿回了所有应找的零钱，问题本身已经解决了。但在情感上，她对于被人误会这件事依旧难以接受。

因此，为了厘清事实，我问了她几个问题。

我：钱包里放了多少钱？

母亲：我出门购物前刚放了一万日元进去，所以肯定没错。

我：您是把找零的钱放进钱包后才发现不够的吗？

母亲：不是。我是在从托盘上拿到找零时就发现不够了。

我：那就是说，对方也知道您没有多拿钱，对吧？

母亲：我不确定他有没有看清。

我：您是给了他一万日元，对方也承认了，对吧？

母亲：嗯，他承认了。

到目前为止，我都是在了解情况。我不在现场，所以才通过提问来确认当时的情况。母亲在回答我问题的同时，也逐渐冷静地开始回顾起当时的情况来。

> 母亲：话说回来，那个人以前也对我说过很不礼貌的话。
>
> 我：这样啊。那您为什么还要继续去那家药店呢？
>
> 母亲：只是因为那里离医院最近。我可能应该换家药店了。
>
> 我：是啊。兴许能找到更好的药店，而且这也是个告别的好时机。
>
> 母亲：说得对，就这么办吧。

在最后挂断电话时，母亲显然轻松了很多。她不再仅仅因为"离医院近"这种理由而压抑自己的不满，而是告别那家药店，去寻找更适合自己的药店了。而这个契机正是那名店员给她的。

在这个例子里，在我基于事实厘清情况的同时，母亲的情绪也得到了缓解。如果不厘清思维，而直接下结论说"这种药店，换一家不就好了"，母亲可能就会反驳说"可我都去那家药店一年了"，最终无法接受我的建议。

人在情绪未平复时，即使听到正确的言论，也会下意识地进行反驳。

当被愤怒所支配时，人往往会混淆事实情况和个人情绪。

例如，母亲可能会说"那家药店的人怀疑我在撒谎"。但这只是她自己的感觉，不一定与事实相符。因此，重点在于要将事实和情绪分开，并分别进行梳理。

人们可能难以坦率地接受他人的建议，却会坦率地遵从自己做出的决定。因此，引导对方自己找到答案是最有效的做法。

母亲的例子虽然只是日常生活中的一件琐事，但即使是这种家人遇到的小麻烦，也能够用来练习思考整理术。

再比如，下属与客户产生纠纷，向你报告说"对不起，对方很生气，我感觉没法再合作下去了"。这种事在工作中很常见。

此时，你责怪下属说"是不是你犯了什么错误"，或者鼓励他说"总之你先去道歉，请求对方原谅你"，其实都解决不了任何问题。

如果此时下属情绪激动，认为"没法继续合作了"，那你首先要做的就是让他冷静下来。比如，你可以问如下几个问题：

- "首先，能告诉我是什么事让对方生气了吗？"
- "对方说了些什么？"
- "对此，你是怎么回应的？"
- "你认为是在哪个环节出了差错？"

• "对方就只有负责人一个人吗？还有其他相关人士吗？"

进行思维整理能够厘清两件事，如图 1–1 所示。

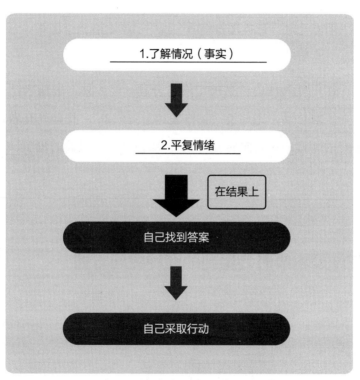

图 1–1　进行思维整理能够厘清两件事

像这样基于事实来了解情况。在此之后，你可以继续问：

• "你现在对对方有什么看法？"

- "为什么会这么想呢？"
- "对方是怎么看你的呢？"
- "对双方来说，最好的解决方式是什么？"

如此，将情感转化为言语。这样一来，即使不提建议或说教，下属最终也会自己找到答案。

客户可能最后还是决定终止合同。但如果下属能自己思考并采取行动，比如说"我再去和对方谈谈""我的确有做得不好的地方，我会向对方道歉"，那也是一个很大的进步，不是吗？

在整理思维时会用到的两种提问方式

在进行思维整理时，有两种提问方式，即开放式问题和封闭式问题。让对方能够自由回答的是开放式问题，而封闭式问题的回答就只有"是"或"否"（见图 1–2）。

例如，对于任何职场中常见的问题员工，首先可以尝试问一些温和的封闭式问题，比如：

"你最近有什么烦心事吗？"

图 1-2 提问方式大体分为两种

如果对方回答"是",就可以混合问一些开放式和封闭式问题,比如:

- "是什么烦心事呢?"

- "你有想到什么对策吗？"
- "你认为这是最好的解决方法吗？"

这样问下去，对方的思绪就会逐渐清晰，最终自己找到答案。

如果对方回答"没有"，则可以说：

- "最近一切顺利啊，那挺好。"
- "你现在觉得工作有多充实？"

不必过于深入，只需轻描淡写地问问，哪怕在对方心中激起一点波澜，让其开始思考，那就足够了。

无论对方的回答是什么，都不要说"你在工作上是不是太散漫了"之类的话，那样不仅不会被当作建议，反而会让对方觉得你在否定他。

不管对方说什么，都先暂且接受，"原来还能这样想啊！"

在切入正题之前，先营造氛围

正如我在序言中所说，专业思考整理术是一种简单的方法，只包含四个步骤，任何人都能掌握。

在整理思维之前，需要做一些准备工作让整个过程更加顺利，那就是营造一个安心、安全、积极的氛围。

如果对方怀有戒心，思维整理就会变得几乎不可能进行了。因此，营造一个让对方觉得"可以跟这个人坦率倾诉"的氛围是极为必要且有效的。这便是安心、安全、积极（我称之为"AAP①"）的氛围。会对思维整理造成干扰的"心理压力"如图 1-3 所示。

作为咨询师，我会参加很多公司的会议。

有一次，在某公司的会议上，老板在侃侃而谈，而员工们都沉默不语。这位老板是个比较严厉的人，员工们显然在担心"说多了会被批评或否定"，因此十分拘谨（见图 1-3）。

在这种氛围下，怎么可能产生良好的意见或积极的建议呢?

同样地，在进行思维整理时，如果你面无表情，双臂交叉地听对方讲话，会给人一种压迫感，对方的话就很难说出口。因此，对于自己的态度会如何影响对方和周围的氛围，我们需要有所察觉。

有时，我们可能会需要进行相对即兴的思维整理。比如，

---

① 三个词的日文罗马音的缩写。——译者注

当你正在桌前专注工作时，下属突然出现，说："我想请教您一些跟 A 公司有关的事情。"这时，你要怎么做呢？

图 1-3　会对思维整理造成干扰的"心理压力"

如果你一直忙个不停，也不看下属一眼，只是说"什么事？""怎么了？"那下属很可能会张不开嘴。

为了让对方敞开心扉，你需要营造一个安心、安全、积极的谈话氛围，并让对方感受到这一点。

以下是营造这种氛围的两个关键点。

▋ 表情和措辞

1. 表情

如果说哪种表情能让对方感到安心、安全、积极，那肯定是微笑了。

作为咨询师，我对营造良好氛围的重要性有着深刻的认识。因此，我经常通过镜子或手机照片检查自己的笑容是否自然，能否营造出安心、安全、积极的氛围。

根据著名的梅拉宾法则，一个人与他人初次见面的 5 ～ 10 秒内，就会形成对他人的第一印象。其中，通过视觉获得的信息占 55%，通过听觉获得的信息占 38%，而通过言辞内容获得的信息仅占 7%。

也就是说，我们主要通过视觉获取信息，所以多检查自己是否皱着眉头，或者是否嘴角下垂。

现在，借助 Zoom 等工具，线上会议越来越普及。我们可以通过屏幕实时检查自己的表情，非常方便。

2. 措辞

说什么样的话才能让氛围变得安心、安全、积极呢？

答案是"赞同的话"。

当有人说"关于 A 公司的事情，我有点事想请教"，如果你回答"好啊，怎么了？"对方就会愿意继续聊下去，对吧？

但如果你冷淡地回答："说！"对方就会觉得你不信任他，那就没法聊下去了。人们会对这种语言上的细微差异非常敏感。

所以说，在进行思维整理时，使用"有点意思""挺好啊""然后呢""这样啊"之类的话来赞同对方，就容易使对方敞开心扉跟你继续聊下去。

相反地，如果说些"不过我感觉""有用吗？""挺难的吧？"这样话来反驳，对方就会逐渐封闭心门。

只要注意表情与措辞这两件事，就能营造出安心、安全、积极的氛围。如果再在坐姿和谈话场所这些方面上花点心思，谈话就会变得更顺利。

3. 坐位或站位

在整理思维的时候，如果面对着对方坐，就可能会使对方感到有压力。所以，如果是圆桌，我就会和对方斜着坐；如果是方桌，我就会和对方呈 90 度角来坐。

坐在对方旁边最容易拉近距离，但如果坐的是四人用的方桌，直接坐到对方旁边就会显得有些奇怪。

不过，要是在咖啡厅或酒吧吧台之类的地方聊天，那挨着坐就不奇怪了。或者，两人在一起边看笔记本屏幕边聊天，那这时挨着坐也是很自然的。

营造安心、安全、积极（AAP）氛围的小窍门，如图 1-4 所示。

站着听别人说话时基本一样。实际上，坐位和站位还能起到和对方无形中建立联系的效果。

正面对着对方站，就会变成双方对立的构图，所以即使你自己意识不到，也会无意识地想要在言语上压倒对方。要想和对方站在对等的立场上，那横着并排站是最好的。

图 1-4 营造安心、安全、积极（AAP）氛围的小窍门

4. 场所和氛围

最理想的场所一定是能让人一对一静下心来聊天的地方。

特别是在聊一些严肃话题的时候，如果周围有很多人，那肯定是没法聊的，此时可以选择公司的会议室，或者附近的公园、咖啡馆等能够安心聊天的地方。

当你们在一起吃午饭时，或者在回家的电车上，如果突然要进行思维整理，那要跟对方确认一下"在这儿聊没关系吗？要不要换个地方"，这样才是万无一失的。

只要注意以上几点，就能够营造安心、安全、积极的氛围了。

如果可能的话，平时就注意营造这样的氛围，以此保证能随时随地整理思维。

如果平时关系一般，那对方也不会想和你商量什么事。如果是很威严的领导对你说"关于你的业绩，我想找个时间聊一下"，那你心里一定会叫苦不迭。

你会战战兢兢地想"他到底会说什么呢？我业绩很差，估计是要骂我吧"，然后等待谈话来临。

所以，切入点很重要。

我们来看下面这段对话。

领导："你已经工作三个月了，感觉如何？"

下属："嗯……感觉干得不太好。"

领导："这样啊。你自己心里肯定也明白工作为什么不顺利。下次开个作战会议如何？我以往的经验也许能供你参考。我感觉你应该花点时间整理下自己脑海中的想法，你觉得呢？"

下属："那就麻烦您了。"

这段对话的重点是"花时间整理自己脑海中的想法"这句话的措辞。特地说这么一句，是因为如果说"我教你个好办法"，会让对方感到来自上级的压力，从而无法敞开心扉。而用"整理想法"这种措辞，听着就不像是领导在给建议，更能给人一种能够畅所欲言的感觉。

平常多注意这样的交流，就能让人敞开心扉，觉得"可以跟他聊任何事"。如此一来，对方可能就会自己思考并自己主动行动起来了。

不夸张地说，思维整理全仰仗于营造一个安心、安全、积极的氛围。

通过"积石效应"与"弃石效应"创造畅所欲言的氛围

我曾遇到过这么一个案例。

一家制造公司的老板是个非常强势的人，员工对他都有所顾虑，不敢发言。因此，公司的会议总是变成老板的一言堂。其员工的创造性无法得到发挥，开会也没法提高公司的生产效率。

作为咨询师，我便对老板提了一个请求。我建议道："下次开会的时候，能不能让我来主持？另外，希望您能坐在后排座位上看着大家开会。"

得到老板的同意后，我便在次月作为主持人召开了会议，此次会议的主题是"如何改善经营"。

刚开始的几分钟，为了活跃气氛，我向在场的大约 20 位员工提出了这样一个问题："平时大家在工作中，想要提高生产效率，让客户满意，可以采取什么样的做法呢？"

一开始没人发言，可能是因为老板坐在后面看着，大家担心会被他批评。

这也在我的预料之中。于是我开玩笑说："老板在后面揣着手，你们张不开嘴，是不是？"在活跃气氛后，有个人率先打开了局面，发表了自己的意见。

他提出的意见可能是大家都能想到的。但是，鼓起勇气发表意见这件事，本身就很了不起。

于是，听了他的发言，又有人说"听了他刚才的话，我想说……"接着第 2 个人后面，第 3 个人、第 4 个人也开始纷纷发言。

如此这般，前面的人说的话成了其他人的意见的引子，我称其为"积石效应"。

如同平坦的石头不断堆起来一般，这种前人的意见启发后人，逐渐积累更多意见的现象，就称为积石效应。

在那次会议上，第 20 个人提出了非常好的方案，该方案最终被采纳并计划在次月实施。

在团队中进行思维整理时的积石效应如图 1-5 所示。

老板看到大家不断发表意见的场景，非常震惊。

他意识到，员工的样子和自己脑海中的印象相去甚远，原来是自己营造了一个没法好好聊天的氛围。

在第 20 个人的方案实施之后，客户评价变得更好了，营业额也提高了。

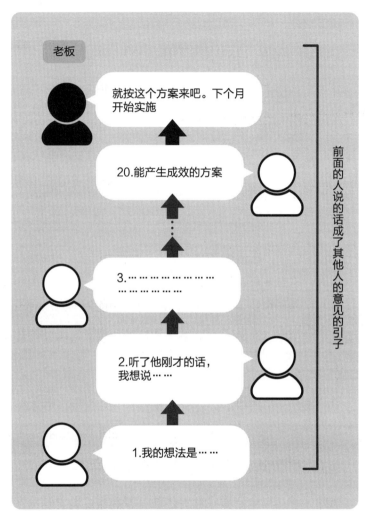

图 1-5　在团队中进行思维整理时的积石效应

不过，还有一个问题：产生成效的是第 20 个人的意见，这究竟是谁的功劳呢?

是第 20 个人的,还是第 1 个说话的人的?

并不是,这是"在座所有人"的功劳。

第 20 个人之所以能发表意见,是因为第 19 个人给他传了一个好球,而第 19 个人也是因为第 18 个人的意见才能有所收获。

像这样向上回溯,就会发现,是因为第 1 个人鼓起勇气发言,才能让石头堆积起来。而在这 20 个人里,不管少了谁,可能都无法提出最后的方案。

同时,这也要感谢在后面忍住发言的冲动、默默注视着我们的老板。当然,我也要自吹自擂一下。主持人(也就是我)在会议中营造了一个安心、安全、积极的氛围,也为这个成果做出了贡献。

所以我认为,是在场所有人的团队合作共同造就了这个结果。

除了"积石效应"之外,还有"弃石效应"。

在会议中,观点并非总是一味堆砌如积石,也会有人说些跑题的话。

我认为,这样的意见同样具有重要意义(见图 1–6)。

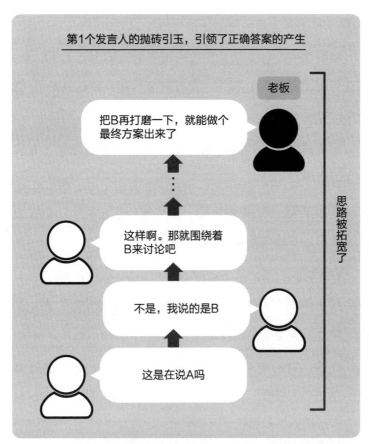

图 1–6 "弃石效应"——跑题的发言也能起到正面作用

比如，在一家汽车制造商的会议上，大家在讨论新车的颜色。第 1 个人说"白色"，第 2 个人说"蓝色"，接着有人可能会说"七彩色"。而"七彩色"这个建议可能会引发意想不到的创意，比如"七彩色是不太可能，不过有云朵图案的车会很可爱"。这就是"弃石效应"。

在一个安心、安全、积极的氛围中，不会有无用的意见。在进行思维整理时，利用"积石效应"和"弃石效应"，能更好地使对方发表意见。

如果否定对方提出的意见说："那可不好说吧？"石堆就会立即崩塌。

但如果说："这主意不错，还有其他想法吗？"石头就会继续堆积，并最终造就出色的结果。

即使你问些像"这是在说 A 吗？"这种跑题的问题，对方也会纠正你说"不是，我说的是 B"。而这个回答也是由 A 这块"弃石"所推动产生的。

此外，为了实现"积石效应"和"弃石效应"，必须要营造一个安心、安全、积极的氛围。只有在这样的氛围中，对方才会有意识地参与讨论。

人人都有"三大困扰"

心理学家阿尔弗雷德·阿德勒认为，人生中的烦恼都和人际关系有关。这其中又可分为"工作、交友、爱情"三项课题。

基于我在营销咨询中的经验，我认为那些有进取心且员工数不超过 30 人的中小企业老板，通常会有以下三大困扰：

- 公司现金流不清晰，苦于无法对未来做出预测；
- 苦于和员工之间立场不同而导致的"危机感差异"；
- 苦于看不到令人振奋的愿景。

第一个烦恼和金钱有关，可以被归类为阿德勒所说的工作课题；第二个是交友课题；第三个也是工作课题。

各位的烦恼也可以大致归入阿德勒的三大课题之中。

在成为独立营销咨询师之前，我曾在一家负责中小企业营销咨询的公司工作。在那里工作的五年中，我见过很多中小企业的经营者，并为他们提供咨询。由此我意识到，经营者的困扰也可以被归入这三项课题之中。

当然，也有些人烦恼于这三项课题之外的事，其中有些使人烦心得夜不能寐，而有些转眼就能解决。

那些使人夜不能寐、如同达摩克利斯之剑 ① 般悬在头顶的烦恼，我称其为三大困扰。在平时的咨询工作中，我便是以这三大困扰为切入点帮助人们解决问题的。

事实上，如果能事先了解对方的三大困扰，对任何人进行思维整理都会变得更容易。

在序言里，我讲了朋友介绍的 A 先生的故事。那时我就知道经营者的这三大困扰，因此在探寻他苦恼的原因时，我才能推测出原委。

在成功推测出来之后，就更容易找出"中心球瓶"了。

所谓中心球瓶，是指保龄球的球瓶里最中间的那一个。只要瞄准那个球瓶击球，就有很高概率击倒所有球瓶，达成全中。

人的烦恼也一样，只要瞄准中心球瓶去击球，就能找到正确的解决方法。不过，很多人找不到中心球瓶，反而会把后面排着的那些球瓶当成核心问题，所以才没法解决问题（见图 1–7）。

---

① 古希腊轶事中提及的一把时刻用马鬃悬于君主座位上方的利剑。寓意拥有强大力量的同时，也要承担相应的责任，这里仅借用其形象作比喻。——译者注

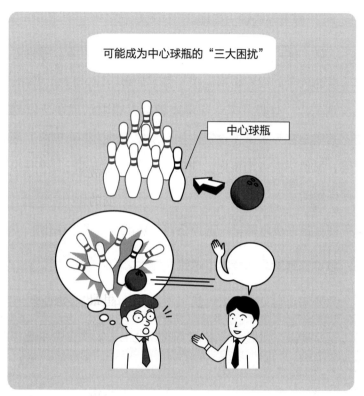

图 1-7 思维整理就是寻找"中心球瓶"的过程

比如说，有个朋友正苦恼于"想跳槽"。

在帮对方寻找原因之时，即使能举出"职场氛围不适合自己""工资太低"等理由，也要先按下不表，不要讨论这些事要怎么解决，而是先了解情况，帮对方平复心情。

在整理思维后，如果发现中心球瓶是"领导不让我做我想做的事"，再来寻找解决措施。

比如，你可以和公司领导沟通一下，向对方争取做自己想干的事的机会。或者是不局限于眼下的事，设定目标，将战线拉长到三年。这样一来，你可能就会发现自己现在所做的工作，其实是在为未来做投资，从而激发出动力。我以前上班的时候，虽然想做咨询工作，却被分配到了营销部门，当时我就是这样做的。

即使最终决定跳槽，选择公司的标准也会发生变化。

思维整理就是寻找中心球瓶的方法。

只要知道对方的三大困扰，就能轻松瞄准中心球瓶。

基于职业、地位和年龄的不同，这三大困扰也会呈现出不同的变化。

我推荐大家从自身出发，设想"干这行的人应该会烦恼这种事吧""这个年纪的人，大概会有这种困扰吧"，等等。当然，这并非绝对的正确答案，仅仅是基于当前情况的一种合理推测。

如果条件允许，最好不要只凭想象来推测对方的三大困扰是什么，直接询问才是最好的方式。

在问法上也需要花点心思。如果直截了当地问"你现在最烦恼的三件事是……吗？”对方可能会不高兴地想“你凭什么这么说啊”。

关键在于向对方递话，比如“在这种情形下人们会烦恼的事，有三种比较典型”“我身边比较有进取心的中小企业老板，都会对这三种事情感到烦恼”。这样一来，对方就会比较容易接受。

对于这三种烦恼，你可以从自身经验出发进行总结，也可以通过书籍和网络搜索来获取。作为实现“积石效应”和“弃石效应”的第一块石头，即使你总结的并非正确答案也没关系。

在进行思维整理时，也会出现“本以为是工作上的困扰，结果是私人的事”这种情景。

鉴于实际答案的未知性，应避免将原因局限于三大困扰，而是灵活应对，引导出更深层次的对话。

边假设边倾听

刚开始进行思维整理时，也可以直接问对方：“你现在有什么担心或烦恼的事吗？”

我也并非从一开始就了解经营者的三大困扰。如前所述，我是在和众多中小企业经营者的交流中，才意识到三大困扰这回事的。

因此，一开始不知道也没关系。只要多尝试，就能大致判断出"照这个说法，他应该是在烦恼这种事吧"。

尽管如此，如果完全没有准备就倾听对方的讲述，恐怕我们仅能肤浅地回一句"那可真糟糕啊"。因此，我们在倾听时应适度地做出一些假设，助力我们更有效地进行思维整理。

如果对方是下属或朋友，或是自己的孩子，就会比较容易假想他有何种烦恼。如果下属没什么精神，就可以假设"是不是和新客户的进展不太顺利"。

如果对方从事的是你几乎没接触过的职业，或处于与你完全不同的立场，那么建立假设就会相对困难些。

这时候，就需要调查一下和对方有相同职业或立场的人，了解其通常会有什么烦恼，以此来缩小范围。

比如，你认识一位新兴产业公司的经营者，想要进一步和他加深关系。你可以出席一些新兴产业的聚会，试着问一问他们平时都有哪些困扰。另外，很多人会通过社交媒体和博客、书籍来分享信息，因此，你可以通过阅读这些信息来想象处于这种立场的人都在烦恼些什么。

这样一来，你可能会发现一个普遍存在的困扰，就是"员工完全跟不上自己的步伐"。

基于这一假设对对方进行思维整理，顺利的话就能够确定其中一个"新兴产业公司经营者的困扰"。这样反复多次实践后，就能总结出三大困扰了。

我也是花了很多时间才总结出了经营者的三大困扰。相反，如果不经过调研就随便总结"下属的三大困扰""家庭主妇的三大困扰"等，那反而会成为思维整理的阻碍。

比如，领导通过回忆自己当下属时的经历，就大致推测出下属的困扰，然而现在人们的成长环境已经截然不同，因此无法完全套用自己过去的经验。

为了探寻这些差异，就要不带成见地进行思维整理。如此一来，就会发现"原来还有人这样想啊"。在与多名下属交流后，你就会逐渐确定"当代下属的三大困扰"。

在建立假设时，也可以尝试写下一句："此人因为……（原因）而陷入了……（困扰的状态）"例如，"这个人虽然成了第二任总经理，但是因为业绩不足，不被周围人信任，所以情绪低落"，如此这般。

假设的正确与否，需要在思维整理的过程中进行检验。但比起毫无头绪地听对方讲话，有了假设后再倾听，至少能更容易理解对方的话（见图1–8）。

图1–8　如何通过建立假设来深究对方的困扰

成为"同路人"

在为对方进行思维整理时，我会将自己看作"练习击球的那堵墙"。

墙只会将对手打出的球反弹回去，而不会主动攻击或防御。大家自己实践一下就会明白，要成为一堵合格的墙是很难的。在听对方说话时，会不自觉地想要提出"我觉得是这样啊""这样做不就好了"诸如此类的己见。

"墙"的职责就是全力忍耐，听取对方的意见，再回应些"为什么会这么想呢""有没有其他的办法"之类的话。

心理学上有种叫作"镜像效应"的现象。这种心理效应是指，只要不断重复对方的动作、对方说的话，就能让对方感受到亲近感和安心感。在建立镜像时，需要舍弃自我去配合对方，以这种感觉来当一堵墙，效果就很好。

尤其是站在上司的立场上，因为直接关系到自己的利益，所以在听下属讲话的过程中，很容易会想要控制事件朝着自己希望的方向发展。

"你好像没发现客户生气了，站在客户的立场上思考一下，你会怎么想？"如果领导这样问，下属可能就会回答："我说话的方式也不太对，所以对方的心情肯定也很不好。"说出领导想要的答案，但这只是被迫说出的。

这样一来，虽然领导满意了，但下属又会怎么想呢？

被迫承认自己的错误，又被迫去向客户道歉，即使问题确实在下属，那也会在其心中留下芥蒂。

如果下属未曾发觉自己激怒了客户，那可能存在一些意想不到的原因。为了探究这些原因，领导应当抛开个人意见，充当一堵墙，来帮助下属整理思维。

不过，如果只是回应一些"然后呢""所以呢"这样简单的问题，那"墙"就当过头了。把自己想象成对方的同路人，这样更容易保持合适的距离。

在对方沉默不语的时候，可以关心地安慰他说"是不是不太好说出口？要不要休息一下？"或者扩大话题范围说"之前是不是也遇到过类似的问题？那时你是怎么解决的"，以便让对方更容易地整理思维。

同路人不能走在对方前面，也不能落后太多。关键是要与对方保持同样的步伐，直到他们到达终点。

如果过早提出结论或解决方案，那只有自己会感觉良好，但对方的困扰和烦恼却得不到解决。这可能是因为你在潜意识里想要凌驾于对方之上，掌握主动权。

不使用这种方法，只通过思维整理让对方豁然开朗，也能让对方觉得这个人很厉害，不是吗？

担任同路人会比当引路人或指导者更轻松且有效，因此我希望大家能够享受这个角色（见图 1-9）。

图 1-9　思维整理需要的是"同路人"

当有不得不说的话时，可以在通过提问了解事情的全貌之后，再征求对方的许可："我有一个想法，可以说一下吗？"这样一来，对方就会做好倾听的准备，更好地接收你的信息。

"以对方为起点"来思考

进行思维整理成功与否取决于能否做到"以对方为起点"。

以对方为起点是指"以对方能取得什么成果为起点"。

在为对方进行思维整理时，如果只想着自己，那往往不会成功。

如果在进行思维整理时想着"希望对方照自己的想法去做"，那就是"以自己为起点"。

最终或许能够引导对方说出自己希望的答案，但这却不是对方内心真正想要的。因此，对方可能表面上会顺从，或者假装顺从，但实际上什么都不会做。

如果只有表面顺从，那很快就会恢复原状。这不是思维整理的失败，而是尝试操纵对方的失败。

父母和孩子之间常见的情况是，父母一边问着孩子"你想怎么做"，一边说"你可能是这么想的，但我的想法是……"，把自己的意见强加给孩子。

比如，有个正在准备考试的孩子经常逃课。

父母：你到底想怎样?

孩子：我不想去补习班了，在家学习更好。

父母：你不想去补习班我能理解，但难道不是因为你在家不能专心学习，所以才让你去补习班的吗? 马上就考试了，现在不去补习班，这合适吗? 考不上理想的学校怎么办?

接着就是一番对孩子的说教。

我知道父母是为了孩子好，但这仍然是"担心孩子考试失败"的父母起点。

如果先暂时放下考试，以孩子为起点进行思维整理，又会如何呢?

父母：你为什么不想去补习班了?

孩子：嗯……我觉得自己在家学习更能集中精力。

父母：这样啊。你周末是在家学习来着，你觉得在家学习效果更好吗?

孩子：与其说是效果好，不如说是心情更放松。

父母：上补习班会感觉紧张吗？

孩子：大家在补习班里讨论的都是目标学校的事情，有点压抑。

父母：因为快考试了嘛。

孩子：嗯，应该说是气氛太紧张了吧。

父母：这样啊。那确实会让人紧张。一个人学习，就感觉能不受周围影响，按自己的节奏来，是这样吗？

孩子：没错，就是这样。

实际上，孩子可能没法准确表达自己的想法，只会模糊地表述。但正因如此，父母有效的思维整理才能在孩子感到困惑时帮助他找到属于自己的答案。

那就让谈话继续吧。

父母：如果你觉得这样能提高考试成绩，那也不失为一种选择。

如此，父母在接受孩子的想法，将其作为选项之一后，可以继续问"不去补习班的优缺点是什么？""继续去补习班的优缺点是什么？"将这些问题用文字整理出来。

最终，孩子可能会说"我还是再坚持去一段时间补习班吧"，也可能会说"我想在家学习"。即便是后者，那也是孩子自己做的选择，我会选择热情地支持他们。

如果一个人在家学习不顺利，那再去补习班就好了。这对孩子来说也是一种宝贵的经验。

为了做到以对方为起点，必须时刻思考对方此时的处境、真实感受和想法。

不要为了对方好而擅自做决定，这一点很重要。

不要简单地认为"对孩子来说，去上补习班更有利于考上理想的学校"，而是要一边听孩子的意见，一边思考"对孩子来说什么是好的"。这样才能快速找到对方想要的答案。

以对方为起点的关键在于，以"八二开"的比例来交谈，让对方多表达自己的想法，甚至可以是"九一开"。

为了做到这一点，有作为同路人的自觉很重要。

如果思维整理进行得很顺利，你只需一句"那就是说……，是这样吗？"对方就会说："对啊！我刚刚突然意识到，我其实并不讨厌那个人，而是讨厌那个无法拒绝对方的自己。之前也是……"然后滔滔不绝地讲下去。

这一瞬间，思维整理就成功了。

思维整理顺利的话，对方就会说出自己的想法。

这就是通过"积石效应"和"弃石效应"所引导出的答案。

正因为我们积累了"是说这么回事吗？""如果做成了，会是什么样？"这类的问题，对方才能找到中心球瓶。

当对方找到了中心球瓶后，他们就会发生超乎想象的变化。正是因为以对方为起点进行了思维整理，才能实现这一点。

通过"开场白"让对方更容易敞开心扉

我在进行咨询时会使用的一个重要技巧就是"开场白"。

是否使用这个技巧，客户敞开心扉的速度是完全不同的。使用得当，即使第一次见面，也能让对方觉得"想要和这个人多聊几句"。因此，我希望大家务必尝试一下这个技巧。

比如，经常给你看病的医生是医院的科室主任，某天你要去医院做体检，如果此时负责的医生不是平时的科室主任，而是一个新来的医生，那你肯定会觉得有些奇怪吧？即使是对于诊疗效果影响不大的体检，你也会觉得自己被轻视了，对这家医院的印象有所下降。

而如果那个新医生一上来就说："今天主任不在，由我来为您做检查。我从主任那儿拿到了您之前的体检结果，这次的检查结果也会给主任查看，请您放心。另外，如果您还有什么想问的，请不必顾虑。"

这样聊一段开场白，结果会如何呢？如果能更进一步，提前得到科室主任的首肯，那就更完美了。

让对方觉得自己受到了重视，能够安心地把事情交给你去做。这就是开场白的作用（见图1-10）。

我认为**"说得早是解释，说得晚就是借口"**。

即使是同样的事情，如果顺序不同，对方的反应可能会完全不同。因此，越是难以启齿的事情，越要说在前面才保险。

在进行思维整理时，是否有开场白也会有不同的效果。

比如，客户向保险推销员咨询是否需要换保险。这种情况下，直接向对方推销说"这里有款产品推荐给您"可能会让客户产生戒备心，觉得"我也没想现在就换保险"。

在进行思维整理时，如果直接问"你对现有保险有什么不满意的地方吗？"对方可能就会想"要是给我推销高价产品怎么办"，从而产生防备心理。

这时就需要开场白了。比如你可以这样说：

图 1-10 "开场白"能让思维整理顺利进行下去

　　我把客户的困扰大致分为三类。我先和您聊聊这三类困扰如何？

第一类是，因为买了自己不需要的保险，觉得浪费钱而烦恼；第二类是，考虑到自己的家庭成员和年龄，觉得没买该买的保险而烦恼；第三类是，将保险视为金融产品，觉得不应该光把钱存在银行里，而是应该有效地利用起来，因此而烦恼。

大致可以分为以上三类。铃木先生，您觉得自己和哪一类比较像？或者说您还有什么别的顾虑吗？

如此开场之后，对方就和我敞开心扉了。

铃木先生：说的是啊。我觉得我的困扰比较接近第一类和第二类。

我：这样啊。

铃木先生：另外，我觉得还有第四类。如果保费上涨，我就没法继续负担自己已有的保险了。要退掉哪个、留下哪个，我不知道应该基于什么标准来进行取舍。

我：我明白了。所以是第一类和第二类，还有您刚刚提到的这类对吧？

铃木先生：是的。

这样聊天后再进入对保险的具体说明，对方就会更愿意倾听。

在与下属面谈时，如果预先说"今天可能会问一些难以启齿的问题，但你只需要说自己愿意说的事就好。"对方就会提前做好心理准备，更容易敞开心扉。

这样小小的开场白看似简单，却能极大地影响自己给对方的印象。开场白能让对方更容易敞开心扉，效果非常明显。

摒弃完美主义

"摒弃完美主义"是我在客户和学员要挑战新事物时常向他们说的一句话。

若是想在完全熟记本书所介绍的专业思考整理术、做好一切准备后再挑个好时机去给对方进行思维整理的话，那就永远不知道什么时候才能开始。俗话说得好，"实践出真知"。我推荐大家在粗略理解思考整理术之后，就尽快实践一下。

我一开始也没法完美地进行思维整理，进行得很不顺利。

在总结对方的发言，鹦鹉学舌式地（参见第 6 章）向其确认说"那就是这么一回事吗"的时候，却被对方指正道"不是这样的"。这种事数不胜数。

即使这样，在经过几十上百次实践之后，我就能找出共性，意识到"这种时候人们一般会这样想啊"。

找到共性之后，下次再遇到同样的情况，我会问"是这么一回事吧？"就能正中对方下怀，对方就会回答"对对对，就是这么回事！"

如果迷茫于该找谁实践，可以先请家人或朋友帮忙，边读这本书边使用思考整理术进行尝试。与其为了追求完美而踌躇不前，还不如即使只能做到30%也努力尝试，这样才能稳步前进。

我们所面对的是"人"，而人的想法千差万别，又瞬息万变。

大家想必也经常遇到"哎呀，这人说的话和之前说的不一样啊！"这种事吧。人就是这样善变的。

因此，越是追求完美，就会离目标越来越远。

思维整理也是如此，要是当场就能让对方觉得"想通了"那自然很好，但很多时候，对方的烦恼是得不到解决的。

大难题是没法立刻得到解决的，在进行了多次思维整理后，有时能找出中心球瓶，让对方意识到"啊，原来我是在烦恼这件事"。但也有时候对方会失声痛哭，说"我不想再聊了"，让对话戛然而止，这都是有可能的。

因此，即使有四个步骤作为思维整理的模板，但不实际尝试就不知道事情会如何进展。

有多少人就有多少种思维整理的方式。正确答案并非唯一，所以要时刻做好准备，灵活应对各种意外事件。

如果最终能让自己和对方的关系变得融洽、皆大欢喜，那自然是个很好的结果。

在下一章中，我将为大家介绍思考整理术的四个步骤。

即使改变步骤的顺序，或者漏掉某个步骤也没关系。按自己的方式来调整这四个步骤，或者单独使用后面会讲到的着眼点（参见第 3 章）和图解（参见第 5 章）也是可以的。

这四个步骤是我在超过 20 年的咨询实践中尽可能总结提炼出来的、任何人都能立即实施的非常简单的方法。因此，如果大家能够积累一定的实践经验，并用自己的方式调整这些方法，享受自己原创的思考整理术，那对我来说就是莫大的欣慰。

第 2 章

专业思考整理术四步骤：
让对方不由自主地行动起来

掌握专业思考整理术只需四步

终于，我要开始介绍我经常用于思考整理术中的"远见指导法"了。

这里"远见"的意思是"志向未来"，它蕴含着为坚持理想而挑战变革的指导理念。

正如我在序言开头所说的，一共就只有四步（见图 2-1）。只要实践这四个步骤，就能顺利地对对方进行思维整理。

步骤 1：确定主题；

步骤 2：了解现状；

步骤 3：描绘理想；

步骤 4：寻找（实现理想所需的）条件。

我从 27 岁成为独立咨询师时就开始使用这四个步骤，至今已有 20 余年。在咨询工作中，需要对对方进行思维整理的时刻实在太多了，要是每次都根据当时的情况使用不同的方法会很麻烦。

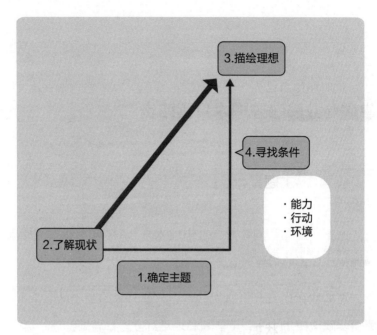

图 2-1　专业思考整理术的四个步骤

　　所以我才会想，要是有个"模板"就好了。由此，我精心提炼出这种可普遍化的指导方法，并总结为这四个步骤。

　　如今，日本全国有超过 700 名咨询师在使用这套远见指导法来协助客户产出成果，其泛用性是经过检验的（参见"结语"）。

　　掌握这套方法后，你和周围人的关系将会发生 180 度的转变。

"不过，这是一上来就能做到的吗？"可能也有人会有这种疑问。

这时不妨自己先尝试一下。对自己使用远见指导法，按照这四个步骤来整理自己的思维，打消内心的困扰。

步骤 1：主题是什么

如果你担心的是"下周的演讲会顺利吗"，那么主题就可以确定为"如何让下周的演讲顺利进行"。

步骤 2：现状如何

演讲的准备工作进行到什么阶段了？准备资料、布置场地、了解听众、练习演讲……列出所有你能想到的工作。

步骤 3：希望通过演讲达成什么目标

不管是希望演讲中不出差错、争取合作机会、逗笑听众、想在公司内部通过企划，还是想得到领导的好评等，理想是因人而异的，有多少都没问题。

步骤 4：为了实现理想需要哪些条件

"希望演讲中不出差错，但不擅长在人前讲话。"

这就是困扰的原因所在了。

补上这块短板，就能消除困扰。

"为了补全这块短板，我能做些什么？"

"当众演讲之前，可以先自己讲一遍，用手机录下视频，再看看有哪些地方可以改善。"

通过这样的自问自答，你就能发现"自己还有可以改进的地方"，然后去执行就好了。

就算这样，可能还是会担心"失败了怎么办"，但只要能让"困扰"减轻为"担忧"的程度，心情就会轻松很多。

这就是思考整理术的作用。

每个人都有思维定式。如果是消极的思维定式，比如总是觉得自己做不到，那这种想法就会萦绕在脑海中，让人感到疲惫。

进行思维整理就像是心理按摩，可以逐一解开心中的那些"结"。

正因如此，本章所介绍的远见指导法的模板才是进行思维整理的关键。如果能熟练掌握，就能让自己免于疲劳，非常方便、实用（见图 2–2）。

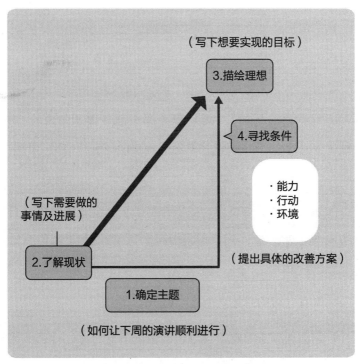

图 2–2　思考整理术的四个步骤也可以对自己使用

即使是同样的事物，人们对它的感受和想法也会各不相同。为了共享这些感受和想法，我会在白板上画一个如图 2–2 所示的三角形的图，和对方一起看着图来整理思维。

"现在的主题是什么？""现状如何？"依次询问这些问题并把对方的答案写在三角形的周围。如此一来，对方的思路就会逐渐清晰。同时，作为倾听者的你也能把握问题的全貌，从而让双方都不再迷茫。

熟练以后，即使什么都不写也能进行这四个步骤，不过边画图边进行思维整理，就不会让话题变得散乱。

对方在处于困扰中时，往往不会思路清晰地说"现状是这样的，目标是这样的"，而是东一榔头西一棒子，说着"啊，目标可能是这个""你一说我就想起来了，还有其他担心的事"。这是常有的事。

如果只在脑海中整理这些事，脑子里就会一团糨糊。而如果边画图边进行思维整理，即使半路离题或遇到了阻碍，最终也能找到目标。

那没有白板的时候该怎么办呢？

肯定会遇到需要在毫无准备的情况下对对方进行思维整理的情况。比如，下属在和你一起回家的途中，突然在电车上向你倾诉烦恼，或者在和朋友喝酒时，对方跟你发牢骚说"最近工作不顺利"。这些都是有可能的。

此时，你可以像小孩学画画时边唱边画那样，一边在心里画图，一边进行思维整理。

♪"第一，确定主题／确立基础。"

♪"第二，了解现状。"

♪"第三，描绘理想。"

♪"第四，寻找实现理想所需的条件。"

好的，三角形就这样完成了。

在心中画出这个三角形后，就可以确定主题，顺利进入了解现状的过程。

思维整理基本都是顺应对方的请求才进行的。

如果对方没有问，你就擅自进行思维整理，很容易显得自己多管闲事。所以，可以先聊些开场白，比如说"我来稍微梳理一下吧"，然后再开始听对方说话。这样对方也会更加配合，让过程更为顺利。

不过，当你看到下属无精打采，或者爱人心情烦躁时，也不能置之不理。

这时，可以默默在心中画三角形，悄悄进行思维整理。对方或许意识不到你在对他进行思维整理，却能感觉"心情变舒畅了"，想到"好吧，我试试看"，然后重拾干劲，那就再好不过了。

多"假定"是关键！进行思维整理的四个步骤

接下来我将对四个步骤进行逐一讲解。

▎第一步，确定主题

主题指的是对方烦恼的事情。它就像是一个路标，一旦确定下来，自己和对方就能够在"接下来我们要对这个问题进行思维整理"这件事上达成共识。

如果主题无法确定，就会出现"我们刚刚在讨论什么来着"这样的情况，一旦偏离正题就很难再回去了。

进行思维整理时如果缺乏条理，对方对于你抛出的问题，就会不知道怎样回答和回答什么。如果你一时难以想出主题，可以让对方"假定一个就好"。比如说"想改变在人前不善言辞的现状"。这样一来，你们就可以有针对性地进行思维整理了。

确定主题后，把它写在三角形的底边上。用文字的形式呈现出来，自己和对方看了就都会有意识地想到"接下来要解决的是这个问题"。

如何确定主题

像"关于工作""关于育儿"这样模糊的主题会导致思维整理迷失方向，应当确定一个如"对现在的工作是否真的适合自己而困惑""苦恼于孩子不听话，不知道如何相处"等更为具体的主题。

在此基础上，还有一些其他技巧可以用于确定主题。

比如"怎样才能……"，可以用这样的格式来确定主题。如此一来，主题就会变成"怎样才能找到真正适合自己的工作""怎样才能与孩子建立良好的关系"，从而让思维整理的方向更明确。

让对方自己表述

主题必须在一开始就确定，并且要让对方（本人）自己来思考。

这一点非常重要。

比如，有个下属没有很好地完成领导交办的工作，之后与领导面谈时，领导突然对他说"你现在的问题就是活动的参与人数不理想，想想怎么做才能改善"，那下属会怎么想呢？

下属根本顾不上进行思维整理，而是被领导强行提了一些意见，这样别说坦率交流了，没有封锁心门就不错了。

确定主题的要点如图 2–3 所示。

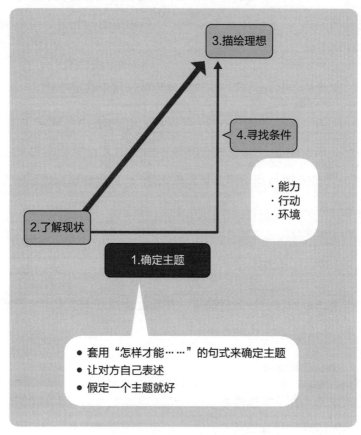

图 2–3　确定主题时的要点

我在和客户谈话的时候，通常会这样提问："今天您想和我聊点什么？""在接下来的环节中，您最想聊的话题是什么？"。

这样一来，客户就会说出"怎样才能吸引潜在客户""怎样才能将业务扩展到全国"等主题。

在和下属谈话的时候，可以问："你现在最关心的是什么？"

半数主题会在中途改变

确定标题时需要记住的一点是，半数主题会在中途改变。

很多人都无法准确把握自己的烦恼是什么。比如，一开始确定的主题是"怎样才能在下班前完成工作？"但在思维整理的过程中，可能会发现自己烦恼的并不是加班太多，而是客户带来的压力。如果是客户的要求太多导致工作量增加，那么不先摆脱这种状况，问题就得不到解决。

这时真正的主题应该是"怎样才能与客户保持平等关系？"

随着经验的积累，你就能逐渐意识到主题的偏差。此时调整主题就能更快地达成目标。

因此，当我听到一个让人置疑的主题时，就会问"请问为什么会是这个问题呢？"这样一来，就能够判断这是不是真正的主题。

比如，客户来咨询说"我想把成本再降低 5%"，这时我就会觉得"这好像不是真正的主题啊"。

"您想降低 5%，是吗？我明白了。顺便问一句，您为什么会有这种想法呢？"

这样一问，客户可能会回答："我和同行聊到毛利率时，发现他们公司的毛利率比我们高出 5%。所以，我感觉我们应该把成本再降低 5%。"

仅仅因为在毛利率上落后同行 5%，就想着通过降低成本追赶上去，这并不是最佳的解决方案。相反，我觉得问题的核心在于"为什么会对同行产生如此强烈的竞争意识"。

如果盲目采纳这个主题，讨论的方向就会变成：

- "降低成本，是要削减人力成本吗？"
- "嗯……可是也没法再继续裁员了。"
- "那和供应商商量一下能否降价？"
- "唉，和它们合作很长时间了，降价有点难。"
- "那还有什么地方可以削减成本呢？"
- "……好像真的没有了。"

这样一来，什么问题都解决不了，继续削减成本很可能不会有任何效果。

当然，也有问题意识很强且能清楚认识到自身问题在哪里的客户。但根据我的经验，大约有一半的情况下，主题都会在进行思维整理的过程中发生变化。因此，最好将客户提出的主题当成假定的主题，并在思维整理的过程中灵活调整，以便最终找到真正的问题所在。

▌ 第二步，了解现状

确定主题之后要做的就是询问现状如何。

但是，正如我在主题部分所说的，有时就算都到下一步了，也没法确定这是不是真正的主题。在了解现状时，可能感觉真正烦恼的并不是这件事，所以要时刻保持警觉。比如：

- "您能跟我说一下这个主题的现状吗？"
- "这样啊，还有吗？"

从这样简单的问题开始就足够了。

对方开口说话以后，再用"挺好""这样啊""是这么回事啊""嗯，真不容易"等赞同的句式来回应对方。

不必考虑得太复杂，就和普通聊天一样，基于主题询问自己感到疑惑或者关心的事就可以。比如问："您刚才说，您没有之前有干劲了，那您自己觉得是什么原因呢？"

我希望大家注意，如果对方在讲述的是一件纠纷，要避免用责备的口吻回应对方，比如"您是不是说了什么会激怒对方的话？"

思维整理的目的是找出问题的答案，而不是评判对方的对错。要牢记，答案终归是要由对方给出的。

用 5W2H 的方式来提问

尽可能仔细地了解现状吧。

为此，可以用 5W2H 来拓宽话题范围。

所谓 5W2H，是指"Why：为什么""Who：谁""When：什么时候""Where：在哪里""What：什么事""How：如何""How much：多大程度"。

如果下属说"我和客户起了争执"，就要问他是在什么时候、因为什么事情起了争执、对方说了什么、是在什么情形下说的、在场的有什么人，等等。

我还会询问对方提到的相关人士的年龄、性别和职位等信息。因为根据发生冲突的客户是 50 来岁的老板还是 20 来岁的新人，问题的本质也会有所不同。

此外，在一开始就了解这些信息，对顺利进行思维整理也会有很大帮助，这一点我会在之后详细说明。

不要错过可以深究的点

在听对方讲话的时候，可能会听到"虽然想……但是做不到""我明白，但是做不到"之类的话。

这就是对方的思维定式。这种思维定式会对思考过程造成阻碍。而打破思维定式，就能让思维变得顺畅。

为此就要进行深究。不要只是说"这样啊"，而是要进一步地追问，比如"如果不解决这个问题，会有什么不好的后果呢？""阻碍你解决这个问题的障碍是什么？"

这也是一种假设性问题。

如果对方双手抱胸陷入思考，那就耐心等待他给出答案吧。这可能就是中心球瓶。

如果对方通过这个问题意识到"是我自己在给自己设限""或许也是可以解决的"，那对方的视野就会被打开。

拒绝安于现状

在我主讲的咨询师培训班里，有很多学员会在积累了一些咨询经验后，想要提高自己的收费标准，以"符合"自己的身价。也就是说，在刚自立时，他们认为自己之前是以低于标准价的"新手价格"签订了一些合同，但现在想要把价格提上去。

这种时候，对潜在客户而言，只需直接提新的价格就好了。但他们苦恼的是对现有客户该怎么说。

"如果提出要涨价，可能合约就会到期终止了。"

"合同没了收入就会下降，所以维持现状才最保险。"

一旦有这种想法，他们就会迟迟无法行动。

这种思维定式看似在巧妙地规避风险，实则是在安于现状，故步自封（见图2-4）。

如果放任这种思维定式不管，那即使陷入真正危险的境地，也会找各种理由来逃避行动。所以，应当趁一切还顺利的时候，鼓起勇气向前迈进。

这时，如果问学员"如果一直不提涨价，会发生什么事呢？"对方就会回答"估计业绩就无法有所长进吧"之类的话。

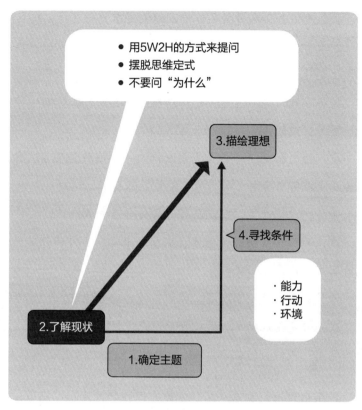

图 2-4　了解现状时的要点

即使对方给出"不想失去长期合作的客户"之类"做不到"的理由，也要通过问"假如……"这样的假设性问题来防止对方轻易选择安于现状。

我们来看以下对话场景。

我：那假如向对方提了涨价，你觉得客户会有什么反应？

学员：对方可能会说"别这样啊（苦笑）"来装傻，也有客户会说"让我考虑一下吧"。

我：也就是说，不是所有客户都会取消合同，对吧？

学员：是的。

我：换句话说，并不是提到涨价的一瞬间就完蛋了。客户不会马上就解除合作，也是有可能成功涨价的，对吗？

学员：说得也是，可能会有一家公司同意涨价吧。

我：那假设成功涨价的话，从长远来看，有可能让其他的现有客户也同意涨价吗？

学员：要是有一家能成，那剩下的感觉也能成。

我：要是都成功了，情况会如何变化呢？

学员：我的业绩就会上涨。

思维整理进行到这一步，学员心里就会涌现出"那就试试看吧"的想法。然后，如果实际提出涨价并被顺利接受，学员就会加快步伐，向其他客户也提出涨价。

对方认为做不到、不可能的事情，可能只是先入为主的观念，与事实并不相符。

通过思维整理就能让对方意识到这一点。

不要自说自话

听了对方的话，你就很容易情不自禁地说："我也有过没干劲的时候，那会儿……"，然后开始自说自话。但是，对方只是想让你听他讲话，这时讲自己的事就会让对方感到不舒服。

在对方找不到答案时，分享自己的经历来引导对方会很有效（详见第 4 章），但请牢记，对方不是来听你讲自己的故事的。

来找你商量事情的人，关心的是他们自己的困扰，而不是别人的事。

不要问为什么

"为什么"是个很强大的词，很容易让人脱口而出。我在之前"确定主题"的部分也提过要问对方"请问为什么会是这个问题呢"。但是，这个"为什么"很容易让人感觉像在被逼问，所以要避免轻易地频繁使用。

试想，如果你一直问客户：

- "您为什么会这么想？"
- "为什么会变成这样？"

- "为什么没有来咨询呢？"

这样的连续提问会让对方感觉像是在被审讯，张不开嘴。这样就不是询问，而是质问了。

很多人并不会逐一去考虑事情的缘由。对于没思考过的问题，如果直接被问"为什么"，就会一下子怔住。所以，我会选择另辟蹊径，用别的方式来问"为什么"这个问题。比如：

- "您这样想是因为什么契机？"
- "您是因为遇到了什么事情才得出这个结论的吗？"

或者也可以问"您是在什么背景下产生这种想法的"，将原因归于背景会方便对方回答，而且这种问法也很常见。

即使要问"为什么"，也应该这样问：

- "我能问您一个问题吗？您为什么会这么想呢？"
- "社会上好像也有……这样的观点，那您为什么会这样想呢？"

像这样加入一个话引子，就能让对方有不同的感觉。

在前文我曾提出"顺便问一句，您为什么会有这种想法呢？"在提问之前多说一句"顺便问一句"，就能缓和"为什么"的生硬感。

如果你和对方关系亲密，也可以适当地多问几个"为什么"，但如果只是普通朋友，就应该选择让对方更容易接受的措辞。

进行思维整理就是在用语言做抛接球游戏。玩抛接球的时候，抛球的目的就是方便对方接球。如果把球扔到对方接不住的地方，就成了躲避球了。

因此，要在对方摆好接球的姿势后再扔。如果对方没做好准备，就要通过"我能问您一个问题吗"这样的话作为引子，等对方摆出姿势后再投球。

▌ 第三步，描绘理想

在了解过现状后，接下来就要问对方理想状态是怎样的。

让对方积极思考

在了解现状后，很多人往往会直接开始思考"要怎么做"。但是这样很容易引向列举"太忙了，没时间""没钱很难办""我现在没经验，做不到"等无法达成目标的理由。

如果止步于现状，思维就会陷入停滞。因此，要先让对方积极地思考，描绘自己的理想状态，这样就能开始思考达成目标的方法。

在和下属谈话时，可以直接发问。

像这样通过提问来让对方畅想不久或遥远的将来。

- "你想达成什么目标？"
- "你想和客户（在这个主题上）达成的理想状态是什么？"
- "进入下一阶段后，你想达到什么状态？"
- "将来你想做什么？"
- "要达成什么目标，这问题才算是解决了？"
- "要是能比现在更进一步，你希望是什么样？"

或者像这样加入数字来提问，可以让对方更容易想象。

- "你觉得 10 年后的自己会是什么样子？"
- "达到 100 分的满分状态是种什么样的感觉？"

如果对方出现了思维定式，说出"反正我做不到"这样消极的话，就尝试问他：

"先姑且把'我做不到'这个思维框架搁到一边，假如

'现在说的任何事都能做到'的话，你觉得事情会变成什么样子？"

让对方自己回答

除了畅想未来这种积极的话题，在对方遇到麻烦时，描绘理想这一步也是必要的（见图 2–5）。

比如之前那个和客户发生争执的下属。在向他了解现状，想要他思考解决方案的时候，他可能只能想到"尝试和对方领导交涉""换个合作方"这种只解决眼前问题的方法。

这样一来，下属的心情可能不是很舒畅。

这时，你可以问："你希望今后与客户建立什么样的关系？"

如果客户态度很差，下属可能会回答"不想再和他有接触了"。不过多数情况下，你都会得到"可以的话，希望我们可以处于平等地位""不想被对方强人所难"等以继续合作为前提而做出的回答。

接下来，你就可以继续问"那么，你觉得要具备什么条件才能达成那种关系呢？"如此一来，你就会得到意想不到的答案。比如：

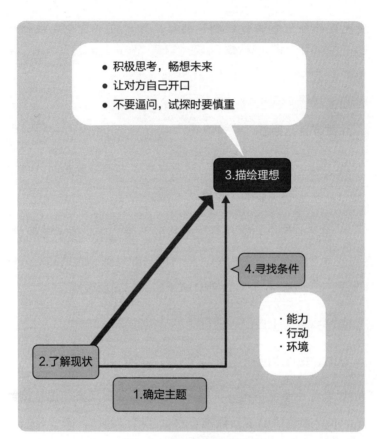

图 2-5　描绘理想时的要点

- "我想大胆一次，告诉对方我的困扰。"
- "我会问客户为什么总是提些不合理的要求。"

如果对方这样回答，他就已经自己打破了桎梏，产生了自主行动的动力。

即使是那些面对别人的提议会很容易条件反射地进行否定的悲观主义者，也不会质疑自己想出的方案，从而付诸行动。

比起领导千言万语、苦口婆心的说教，仅仅是自己想到的一个答案，也能成为行动的动力。

禁止逼问

进行思维整理的四个步骤，不是为了强行引导对方实现自己不想要的目标，而是为了让对方实现自己真正期望的理想。虽然描绘理想很重要，但也有人会说"我不知道自己的理想是什么"。比如，有个人只是为了解决眼下的问题就已经忙得焦头烂额了，觉得自己没时间去思考什么理想。

这时你就要边设想对方的处境，说"假如，事情变成这样，你会不会觉得高兴呢？"借此来引导对方。这可能会成为启发对方的积石，但也可能会成为让对方说出"不，这不是我想要的"的弃石。

但至少得确保这是"对方的期望"，而不是"你的期望"。

如果领导通过对下属说"你不觉得工作再积极一点儿会更好吗"来诱导对方，那么对方就没法再进行思维整理。因此，在进行试探性的提问时一定要慎重。

▎第四步，寻找（实现理想所需的）条件

在进行思维整理并引导对方说出理想后，还差临门一脚。

如果描绘完理想就结束，对方可能会以积极的态度向前迈进；但如果不考虑该如何实现，人是很难付诸行动的。

这时就需要寻找条件（见图 2–6）。

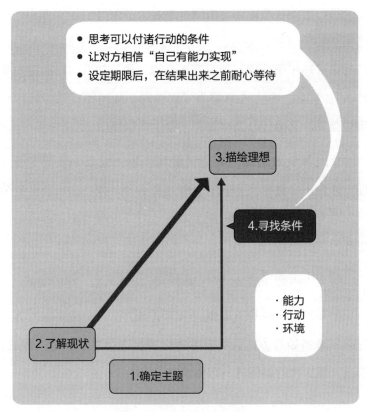

图 2–6　寻找条件时的要点

弥补理想与现实间差距的三种角度

描绘出理想后，就会意识到它与现实之间的差距。可以从三种角度来考虑该如何弥补这个差距。

这三种角度就是能力、行动与环境。

能力：掌握沟通技巧、培养领导力、学习英语会话、降低体脂率等。如果凭自己现在的能力无法解决，那就要考虑如何提升自己的能力和技能。

行动：改变交友圈、早起 30 分钟、寻找新爱好等。通过采取新的行动来解决问题。

环境：改变工作地点、加入社交圈、改变穿搭、调动职位等。通过改变自己所处的环境，甚至可以毫不费力地实现想要的效果。

比如，在与和客户发生争执的下属进行现状分析后，发现原因在于双方沟通不足。

接下来，确定了理想是"大胆告诉对方自己的困扰"。

要如何弥补这两者之间的差距呢？

从能力出发，可以向沟通专家寻求建议，提前考虑好自己要说什么，以免在交流时被对方压制。

从行动出发，可以安排与客户进行一次会谈。

从环境出发，可以选择在公司之外的地方谈话。

在工作上遇到烦恼了就去喝酒是老生常谈的事了，但改变环境确实能产生意想不到的效果。

就算不喝酒，在公司之外的地方也能更坦率地交流。为了不给对方添麻烦，也可以选择在午餐时谈话。

假设下属为了弥补理想和现实之间的差距，已经开始实施这些方法，但可能仍未改善与客户的关系，反而最终被迫更换负责人或终止了合同。

思维整理并不是一定能解决问题的万能药，请牢记这一点。

重要的是优化现状，理顺对方的内心，让对方采取行动。

我认为这个过程本身就很重要，即使结果不尽如人意也没关系。能从结果当中汲取经验，找到下次出现类似情况时的应对措施，确实有所成长就好。

像这样重复两三次，比起原地踏步什么也不做，你能得到巨大的成长，从而让事情向前推进。

仅仅是将至今为止没能做过的事付诸实践，不也是一种很棒的成长吗?

即使对方自己设想的方法没能顺利实现,但在情感上也能接受。进而,他就会有凭自己能力解决问题的自信了。

即使这次没能圆满完成,下次再遇到同样的问题,他大概也能不用求助于人,尝试自己解决。

可以说,进行思维整理的终极目标,就是要让对方相信"自己有能力解决"。

设定期限

为了确保行动得到落实,像"何时开始""预计何时完成"这样设定一个期限也很重要。

很多人会只满足于制定解决方案,而不付诸行动。为了防止这种情况发生,必须让对方自己来规划日程。

为避免造成多次逼问对方"那件事怎么样了"的局面,最好事先说明"如果有进展请告诉我"。信任对方并耐心等待也是很重要的。

不过,在领导交给下属任务时要特别注意,如果没有按时完成,会给其他人带来很大麻烦。提前决定好"在什么时间点报告进度",然后记在备忘录上,在逾期未收到报告时督促对方，这也是一个办法。

四步骤实践案例 1：与创业者咨询业务拓展

现在，大家对思维整理的四个步骤有一定了解了吗？

此时可以暂时放下本书，试着去对身边的人进行思维整理。这套思考整理术需要不断实践才能真正融入自己的身心。

为了帮助大家理解，下面我会介绍一个按照这四个步骤进行思维整理的实例。

这是我在咨询师培训班上为一位学员进行思维整理的真实案例。

那位学员召开了一个有关如何改善人际关系的研讨会，受到众多客户的支持。现在他培养了很多研讨会的讲师，事业已经步入正轨。

我：今天谈话的主题是什么？

学员：是如何将自己的业务推广至全国。

我：很好。跟我说一下现状吧。（第 1 步）

学员：现在已经有人在日本的关中、关东地区开设了讲堂。

我：很棒啊！现在的运营团队里有多少人？

学员：能教授基本内容的"领航者"约有 100 人，其中能教授专门性内容的"讲师"约有 15 人。另外，赞成将业务推广至全国的有五六个人。（第 2 步）

我：那些赞成你想法的人，他们有职务吗？

学员：职务？没有。

我：那就给他们暂定一个职务如何？（第 3 步）

学员：暂定一个？也就叫他们"沟通者"吧。

我：这名字不错。那就是说，有人负责推广业务，有人负责深挖业务内容，这两者分别是"领航者"和"沟通者"，我说得对吗？

学员：说得没错。

我：我希望你凭直觉回答这个问题。如果把挖掘业务内容的深度和拓展业务的地域覆盖范围的广度各自计为 10 分，你觉得现在应该给二者各打几分呢？（第 4 步）

学员：覆盖的广度给 3 分，业务内容的深度给 8.5 分吧。

我：还不错。那我想再问问你的理想，你希望自己的事业发展成什么样呢？（第 5 步）

学员：我之所以想把这项事业推广到全国，是想要"创造一个言语温和的社会"，这就是我的业务愿景。我最近发现，来参加研讨会的大多是学校的老师、护士和护理人员等。我想把这项事业推广给这些人群。

我：你的业务与医疗行业、社会福利和教育领域比较契合啊！另外，未来还有能继续开拓的领域吗？

学员：没有了，我觉得这三个领域就挺好。

我：为什么这样说？

学员：我的孩子曾因在学校被人霸凌而上不了学，那时最关心他的就是教育、医疗和社会福利行业的人。我最根本的愿望，就是不想再有孩子像我的孩子一样被人霸凌。所以，我才觉得有这三个领域就足够了。

我：我明白了。那你认为言语温和的社会应该是什么样子的？

学员：我希望那是一个人人都可以开口求助的社会。在现实中，如果一个人和周围人没有良好的关系，就没法张嘴求助。我开办这个研讨会，正是为了学习教大家如何处理这种关系。

我：参加过这个研讨会之后，人们会有怎样的变化？

学员：他们会了解人的个性。人们往往因不了解自己而困惑，一旦能减少这种困惑，我觉得他们对待周围人的态度也会变得温和。

我：那样消除的是自己的困惑还是他人的困惑？

学员：首先要消除自己的困惑，然后改变和他人的交往方式，接下来才能消除他人的困惑。

我：如果社会中充满了温和的话语，变成一个人们可以开口求助的社会，那将是怎样的光景？（第6步）

学员：我希望社会能够形成一种风气，允许脆弱的人存在。

我：就是让大家能做真实的自己？（第7步）

学员：嗯……虽然做真实的自己这种想法很积极，但我们也应允许消沉的、负面的情绪存在，就是这种感觉。

我：你的事业正逐渐扩张，讲师团队也在壮大，发展很顺利嘛。你自己觉得，还有哪些地方可以提升，能够着手改善的吗？（第8步）

学员：有些人想从讲师晋升为沟通者，却不知从何下手。对这些人要怎么沟通、如何培养，目前还是个问题……

我：你向大家传达过想将业务推广至全国的愿望吗？

学员：传达过。

我：那对于如何让讲师晋升为沟通者，或者区分沟通者与讲师的职责，你有向谁传达过吗？

学员：啊……这确实没有讲过，也没用文字总结过。（第9步）

我：那用文字总结出来怎么样呢？

学员：我觉得会非常清晰明了！

这位学员（研讨会讲师）的中心球瓶就是"没有向运营团队传达关键信息"。如果没找到这个核心问题就结束思维整理，只会有"得出了结论"的错觉，而不能解决真正的问题。

像现在这样加速将业务拓展到全国，团队成员的步调就会不一致，可能还会导致业务土崩瓦解。打好地基，从让团队成员重新认识自己的职责开始，这看似是一件小事，但却至关重要。

我和这位学员是老相识了，彼此之间已经非常熟悉，他愿意跟我坦诚地交流，这也是很重要的一点。

他发现不管是只需在教育、医疗、社会福利领域开展业务，还是未能向团队成员传达关键信息，都是他之前没有意识到，也没有考虑过的事。

一开始所确定的主题是"如何将自己的业务推广至全国"。

如果草率地接受这个主题，讨论可能就会围绕"如何在全国设立分部""各个分部的机构要设在哪里"等方法论的内容展开。

以上所述的一系列操作可以用一个简化图来表示，如图2–7所示。

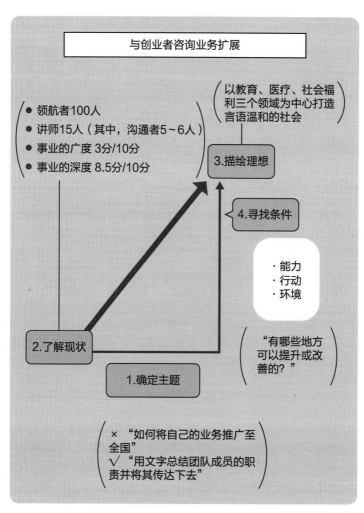

与创业者咨询业务扩展

・领航者100人
・讲师15人（其中，沟通者5~6人）
・事业的广度 3分/10分
・事业的深度 8.5分/10分

以教育、医疗、社会福利三个领域为中心打造言语温和的社会

3.描绘理想

4.寻找条件

・能力
・行动
・环境

2.了解现状

1.确定主题

"有哪些地方可以提升或改善的？"

× "如何将自己的业务推广至全国"
√ "用文字总结团队成员的职责并将其传达下去"

图 2-7　思维整理实践 1

这位学员在清楚自己应该做什么之后，立刻开始调整组织结构。他正式设立了"沟通者"这一职务，明确了各级人员需要掌握的技能，并在公司的官方网站上大力宣传每一位"沟通者"的事迹。

我们没有进行太多交流，但他自己思考了该做什么，并付诸行动。

这正是思维整理的效果。

在此，请你回顾刚才的对话过程中的几处特殊标记，正是其中的要点所在。以下是对这次对话几处要点的梳理。

第1步：像这样直截了当地问"跟我说一下现状吧"也是可以的。

第2步：通过详细询问涉及这项事业的相关人士的信息，我既了解了学员的业务结构，也帮助对方在心中再次回顾了组织的整体情况。

第3步：这句话就是"摒弃完美主义"的实践。决定职务这种重要的事往往会一拖再拖，因此就算是暂定一个也是好的，要先明确那些人的职责。

第4步：通过打分就能更清晰地了解现状。

第5步：进入描述理想的环节。关键在于通过询问"你希望事情变成什么样子"来让对方畅想未来。

第6步：这也是为了让对方描述理想。理想描述得越具体，对方就越容易明白实现理想需要做些什么。

第7步：不要害怕抛出"弃石"，大胆提问。

第8步：进入寻找实现理想所需条件的环节。直接问"从哪里开始？""为了实现理想，现在能做些什么？"也是可以的，但像"有哪些地方可以提升或能够着手改善的？"等有关对方成长的问题，更能激发对方"想要解决问题"的积极性。

第9步：这就是找到中心球瓶的时刻。我也没有预料到会有这种结果。倾听者无需进行强行引导或劝诱，对方自己就能想出意想不到的答案，这就是进行思维整理的魅力所在。

四步骤实践案例2：为了让下属工作更积极而谈话

接下来的案例是关于一位工作能力尚可，但看起来并未全力以赴、对领导来说"有些可惜"的下属。

下属自己觉得自己没什么问题，因此为了探寻他的真实想法，领导尝试进行了思维整理。这种在对方不知情的情况进行思维整理的场合是很常见的。

但是，在下属眼中，领导可能是"令人失望"的领导。

虽然这和相处时间长短有关系，不过下属不上进几乎都是因为上司的领导力不足。牢记这一点，以谦虚的姿态来进行思维整理吧。

领导：山下，最近有什么困扰或想说的事情吗？

下属：没什么，一切都很顺利。

领导：那我就放心了。比如说，如果你在工作中施展的能力最大是100%，那你觉得现在达到了百分之多少呢？（第1步）

下属：我感觉自己已经出了100%的力了。

领导：你感觉自己已经全力以赴了啊，那挺好的。（第2步）

下属：我已经完成公司的指标了，感觉没什么大问题。

领导：这样啊。顺便问一句，你为什么会这么想呢？（第3步）

下属：因为我很重视个人生活。工作固然重要，不过只要做好应该做的，其他时间我都想花在自己的生活上。

领导：我明白了。那你觉得工作和私人生活的时间，大概按怎样的比例分配才合适呢？（第4步）

下属：说实话，我觉得应该是对半开。

领导：那就是说，用一半时间完成工作，剩下一半时间都用于个人生活，对吧？能用一半时间就达成工作目标，这很了不起啊（笑）！（第5步）

下属：是啊，能这样就太好了。

领导：不介意的话，能说一下你私下喜欢做什么吗？

下属：我喜欢画画。

领导：哦……这爱好不错啊。那你有参加比赛之类的活动吗？

下属：有的，我现在正在画一幅参赛作品。我从小就喜欢画画。

领导：是吗？那确实是需要有时间来画画。那你是把提升画技作为人生规划的一部分吗？

下属：是啊。我希望将来能教别人画画。（第6步）

领导：嗯，这想法挺好。总有一天你会有教别人画画的机会。教别人画画会很辛苦吧？

下属：那确实，自己画和教人画完全是两码事。

领导：自己既有感性的想法，也需要有理性的理解，才能把这些技巧都传达给别人，对吧？

下属：是啊。

领导：我想问你一件事情。营销是我们公司的强项，而山下你的业绩在公司里也是名列前茅。我觉得周围有很多人都想了解你平时使用的营销话术和事前准备的技巧。如果我说，你要是把这些方法都教给周围的人并让他们产出成果，就能让你自己的评价得到提升，你意下如何呢？（第7步）

下属：嗯……教别人很难啊！

领导：的确如此。可是在绘画方面，你也想把自己的本领传授给他人，对吗？

下属：那是我的兴趣，所以我觉得没关系。但要是工作的话，就会觉得我担负的责任太重，会感到有压力。

领导：你是想在无压力的环境下工作，对吗？

下属：是的，我想悠闲自由地做事，慢慢地见证他人的成长。

领导：那真是太好了。在此之上，如果你能掌握传道授业的技能，会不会变得更轻松呢？（第8步）

下属：是啊，如果能做到更好。要是您能帮我的话，我感觉就能做到。

领导：那下次一起推敲下具体方案吧。

下属：好的，麻烦您了。

这里我们可以先梳理一下对话中的几处要点。

第1步：了解现状。通过用数字量化来确认下属目前有多少干劲。

第2步：作为领导，可能会想吐槽说"不是，没有100%吧！"但这里一定要忍住，要向对方表示赞同。因为吐槽不会有任何积极效果，只会激起对方的反感。思维整理中最基本的原则，就是不管对方如何回答都要表示赞同。如果吐槽，那从

120

这句话开始，对话就变成了质问和责难，而你的目的就变成了"那为什么我看不出你已经全力以赴了呢？"

第3步：对下属说的话进行深入挖掘。即使没法接受下属"完成任务就算万事大吉"的态度，也要记住人和人的想法是不一样的。

第4步：这种时候，通过数值量化，就能让对方更清晰地看到自己的愿景。

第5步：就算内心动摇，想着"工作和生活才对半开啊……"也不要显露出来，姑且既不赞同也不反驳，保持中立。

第6步：下属说出了他的"理想"。即使这理想与工作无关，也要尊重对方的意愿。

第7步：在寻找弥补（领导所设想的）理想与现实之间的差距条件的这一环节，通过寻找工作与生活之间的共通之处，委婉而不生硬地提出建议。

第8步：避免向对方强加观点，只停留在暗示可能性这一步。

在这个案例中，下属无论在工作中还是兴趣上，都找到了下一步该走的路。

不过在现实中，并不总能找到工作和兴趣都能"传授给别人"这种共同点。即使找到了，对方也可能会因为"不想做这么沉重的工作"而拒绝向别人传授自己的技能。

不强求最后能得出结论，这也是思维整理的一个模式。

没能得出结论的话，领导可能会有些遗憾，但之后也要关注下属的变化。

以上操作的简化图，如图 2-8 所示。

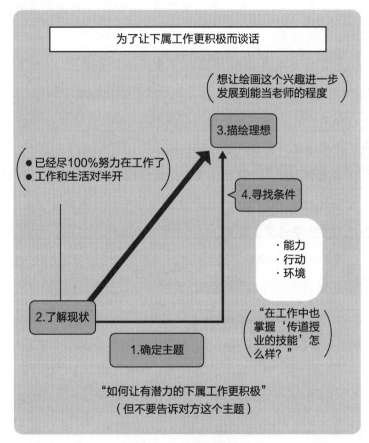

图 2-8　思维整理实践 2

即使只有些微的改变，那也说明思维整理是有效的。

就算对方斩钉截铁地说"生活比工作重要"，我也会认为"可能也有人会这么想啊"，并不再追问。对于自己选择的生活方式，就算是领导也没法强行改变对方的想法。

即便如此，只要下属能对（领导所考虑的）现状与理想之间的差距进行自我觉察，那他的想法可能就会发生变化。

四个步骤循环往复

在实际遵循"确定主题 – 了解现状 – 描绘理想 – 寻找条件"四个步骤进行思维整理时，你会发现很少会有顺利从主题过渡到条件的情况。

有时刚进入理想就又会回到现状，刚到达条件就又会回到理想，而这时的理想可能已经与最初的理想截然不同了。

如果从条件绕了一圈又回到主题的话，有时会发现"这个主题可能不太合适"，然后重新确定主题，再重新进入现状、理想的步骤。

这四个步骤并非循环一次就结束了，而是要在对方找到答案之前不断循环往复。最终结果可能会使对话进行到一开始未曾设想的地步，这就是思维整理的有趣之处。

另外，在条件中提到的能力、行动、环境这三个视角，说到底都只不过是触发灵感的机关。对于由此触发的灵感，不必追求分类的准确性，去思考"这是能力吗？""不，可能是行动"这样的问题，而只需将其当成有助于发散思维的线索即可。

四个步骤说到底只是个框架，让理想向外延伸，改变三角形的形状也是可以的。在沿着三角形推进的过程中，有时也会在一个步骤之内再次展开四个步骤式的思考。

能够让这个框架产生各种变体，才算是真正灵活掌握了专业思考整理术。

不拘泥于框架，而是灵活地依次"打破框架"，这种做法正是进行思维整理的关键所在。

▌思维整理过程中需要注意的"三个要点"

在进行思维整理的过程中，一开始可能只顾得上听对方讲话。但是，当你逐渐熟练之后，就能迈向下一个阶段。

接下来，我将介绍如何通过表情、声音和停顿这三个要点来揣测对方的心情。日本人大多本就擅长察言观色，再掌握这三个要点，就能在进行思维整理以外的场合也变成沟通高手。

表情

找到中心球瓶的瞬间，对方的眼睛也会亮起来。不论性别和年龄，几乎所有人都会做出这种反应。

借助这个瞬间，直接问对方"你刚刚是不是灵光乍现想到了什么？"这样对方就会坦率回答"我感觉刚才说的事情就是关键"。

不必由你来向对方指出中心球瓶到底是什么。

只需要问"你刚才是不是想到了什么？"对方就会愉快地回答"我刚刚意识到，这才是真正的问题！"

如果能做到这一点，那对方可能也会在内心惊讶于"他竟然能察觉到我刚刚内心的变化？！"这样一来，对方就很有可能会敞开心扉，想要进一步与你交流。

找到了中心球瓶的话，对方也可能会露出笑容。

如果对方笑着说"啊，原来是这样。我之前都没想到！"那就证明他的思维已经被理清，想必之后他就会自己找到解决方案了。

另外，请不要忽略对方阴沉或愁眉苦脸的表情，这也是一个关键点。这意味着对方的思考遇到了障碍，此时进行深挖，就有可能找到潜藏其中的中心球瓶。

声音

找到中心球瓶之时，对方的声音甚至会抬高八度。

"啊……对了对了！"不仅会像这样语调升高，声音也会突然变大，给人一种喜悦之感，让人觉得"嗯，他好像想到了什么"。

这时不要犹豫，立即问对方"你想到什么了吗？"他就会开始滔滔不绝地讲述自己的想法。

停顿

对方的思维会因惯性而不断向前流动，但如果突然想到"咦，这是为什么"，就会陷入停滞，从而产生停顿。

对于你的提问，如果对方意识到"啊，难道说，问题并不在此吗"，可能就会陷入一时的沉默。

如果这沉默仅仅是因为你的话激怒了对方，那看表情就能推测出来。但如果对方眼睛一亮，看似在思考什么，就要通过立即询问"你刚才是不是想到了什么"来诱导对方，让其有机会表达自己的想法。

进行思维整理过程中需要注意的"三个要点"如图 2–9
所示。

图 2–9　进行思维整理过程中需要注意的三个要点

有时对方说着说着会突然停顿一下，这很可能是对方找到了中心球瓶的时刻。

能增强四步骤效果的"三个工具"

在进行思维整理时，有时对方会抱着手陷入深思，或者车轱辘话反复说，使得进展缓慢。

这时，可以使用着眼点、事例故事和图解这三个工具来顺利推进思维整理的进程。

每个工具都非常重要，因此，我在后文将分别用一整章的篇幅来详细说明，这里只做简要概述。

着眼点

在眼前的人遇到困扰时，即使试图对其进行思维整理，谈话往往也会进入死胡同。这时，为了让思维整理畅通无阻，就需要给对方一个开始思考的契机，我称其为"着眼点"。

通过正确的着眼点进行思维整理，对方就会顿悟到"原来是这样！"跳出原本受限的思维框架，自由地进行发散。我将在接下来的第 3 章中介绍我常用的七个着眼点。

事例故事

我在序言中对朋友的熟人（企业家）进行思维整理时，与他分享了我自主创业 10 年后的经历。

我将这些自己或朋友过去的经验，或者听到过的故事称之为 "事例故事"，并将其用于启发对方的灵感。

我将在第 4 章中详述这些事例故事。

图解

画图有时会比用语言解释来得更快、更直观，这一点想必大家都有所体会。

这一点在进行思维整理时同样适用。将四个步骤画成三角形来逐步推进，这样做的好处就是有助于利用可视化来直观地理解全貌。从主题开始，一直到最后确定条件，结束思维整理，如果能在视觉上理解整个过程，对方就会更容易跟随这些步骤来说出自己的想法。

在第 5 章中，我将介绍自己日常使用的五种图解。

我推荐大家在开始时先尝试只用四个步骤进行思维整理，在熟练之后再在实践中加入这三种工具。这样一来，不仅有助于深入挖掘对方的思维，也会使其更顺利地理顺思绪并最终达成目标。

如前所述，如果对方自己找到了中心球瓶，他就会先说一句"刚才聊的时候我突然想到……"然后再开始说自己的观点。

这就证明自己完成了作为听众的任务，很好地引导对方并成功进行了思维整理，可喜可贺。

在思维整理的过程中，自己充当的是领航员的角色，或者说是排球比赛中的"二传手"。

能增强四步骤效果的"三个工具"的简要图解，如图2-10所示。

如果鲁莽地和对方抢话说"这样做就能解决你的问题"，那对方可能表面上会接受你的意见说"我试试看"，但心里大概会感觉你很差劲。这样一来就只有自己舒服了，对方却很不愉快。

就算别人来找你诉说烦恼，只要你不是对方特别信任的人，他就不会特别想听你的建议。所以，你只需饶有兴趣地向对方做出回应，做好听众就够了。

最好抱着这样的想法：对方其实是想自己找出答案，为此才想请你进行思维整理，仅此而已。

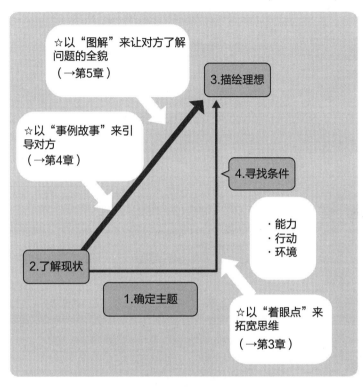

図 2-10　能增强四步骤效果的三个工具

　　通过使用着眼点、事例故事和图解，任何人都能做好思维整理的引导者。从下一章开始，我将详细说明这些方法。

第 3 章

进行思维整理时需要关注的七个着眼点

正确的着眼点能让人发现"宝藏"

进行思维整理就是帮助对方探寻"宝藏"的旅程。

所谓发现宝藏，就是指能看到之前未曾注意的事情。

只要你有正确的着眼点，就能让对方迅速顿悟。我希望大家都能体验到这种效果。

着眼点，顾名思义，能起到让对方发现"需要注意的事"的作用，即发现盲点的"眼镜"。

在咨询中，当对方因思维定式而陷入僵化时，我一般就会使用着眼点来让对方注意到其忽视的盲点（见图 3–1）。

在和客户进行每月一次的面谈时，我会问："这个月过得如何？"有时对方会回答："哎，和上个月差不多吧。"

这时如果只回一句"是吗，那挺好"就结束对话，那就没法从客户那里引导出任何信息。对方之所以来咨询，就是希望咨询师能帮他发现一些问题。

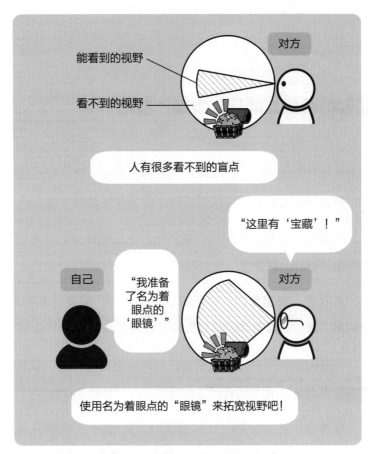

图 3-1　思维整理能让人发现盲点

我会从这里开始进行思维整理。

"关于员工的工作进展，你有什么想说的吗？"

像这样找一个对对方来说很重要的主题，并抛出一个与之息息相关的问题。

这样一来，对方就会打开话匣子："对了对了，我发现副总经理跟人传达信息时总是只按照自己的想法来表述，丝毫不考虑对方的处境。"

在这种情况下，即使对方回答说"没什么事""一切顺利"，我也不会轻易当真，而是会想"真的没问题吗"。对方只是说"现在眼下没什么特别紧急的烦心事"，但这并不代表万事大吉，因此不能轻易忽略。

这时通过抓住着眼点进行提问和深入挖掘，对方最初没有意识到的问题就会逐渐浮出水面。

领导和下属谈话时的着眼点也很重要。

"有什么想说的事情吗？""没什么。""是吗？"如果就这样结束对话，那就没法发现对下属来说不紧急但很重要的问题。

因此，开始时可以抛出一个像"这个月过得如何"这样比较轻松的问题，营造一种对方可以放松回答任何问题的氛围。

如果对方回答"没发生什么大事"，那就抛出一个更具体的问题，比如："是吗，那挺好啊。那和 A 公司的项目进展如何？"

到这里为止，很多领导可能也会不自觉地做同样的事。为了不让对话只停留在确认工作的层面，而是上升到改变对方行为方式的高度，可以尝试像这样进行思维整理。

下属：现在我正在和A公司协商下下周面向高层如何进行内部演示的事。如果这次演示顺利通过的话，就可以着手准备面向媒体的发布会了。

领导：不错，感觉进展还顺利吗？

下属：是的，一切都在按计划进行。

领导：这样啊。那有没有"假如……发生了，情况会变得很糟糕"的事呢？

下属：这个嘛，如果CG设计师不能按时交稿的话，会很糟糕。

领导：这样啊。那就是说现阶段他还没有拖稿？

下属：嗯……那边有点模棱两可。问他能否赶上，他也只会回答尽力。

领导：这样啊。他没有明确回答能赶上，所以你很担心，是吗？

下属：是的。他说A公司的要求太多了，处理起来很困难。

领导：是吗？面向高层报告的日期已经定下来了吗？

下属：是的。除CG之外的事都在按计划进行。但因为要用 CG 来展示产品概念，所以如果 CG 延期的话，演示也就没法按时完成了。

领导：这样啊，那还挺紧张的。那你是否一直在和 CG 设计师保持沟通呢？

下属：这个嘛……我会再和他确认一下日程，另外会让他给我看看现阶段的进度。

领导：这主意挺好。要是有什么需要帮忙的，随时来找我商量吧。

下属：好的，谢谢您！

对于存在思维定式、只在自己设想范围内思考的下属，就要通过帮其打破思维定式、拓宽视野，来让其时刻注意那些意想不到的情况。因为"宝藏"往往就隐藏在意想不到之处。

在这个案例中，从领导的角度出发，他会在心里着急，心想："如果关键的 CG 不能按时完成，就做不了演示，那你还在磨蹭什么？下下周不是就要做演示了吗？"

直接对下属发出指示说"现在赶快去和设计师确认一下进度"当然轻而易举，但这样一来，今后下属也会等待领导的指示才行动。如此一来，领导就会一直身担重任，永远陷于压力之中。

如果领导不发出指示，而是让对方自己俯瞰地图来发掘

"宝藏"，领导自己就不会再有压力，能够轻松自在地工作。

着眼点1：对方是否意识到了自己的价值——价值的可视化

"不知道自己的优点是什么。"

"我是个一无是处的人……"

"反正我就是不行……"

这世上有很多人都会这样想。这也是思维定式中较为严重的一种。

比如，常把"反正"挂在嘴边的人，大多都是在缺乏赞美的环境中长大的。

对于这种人，就算拼命告诉他们"你有很多优点哦"，往往也没什么效果。这是因为他们的自我评价很低，缺乏自信。

这种情况下，最好的方法就是让他们意识到自己的价值（见图3-2）。

一开始可以问一些简单的问题，比如"你觉得自己的强项是什么？""你擅长什么事情？"

如果对方不回答，那就再试着问，比如"你以前做过哪些令人感激不已的事情呢？""你有哪些被人夸赞过的事情？"

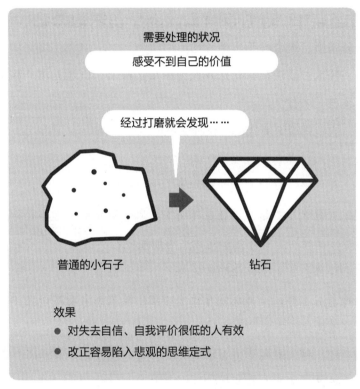

图 3-2　着眼点 1：价值的可视化

这样一来，对方可能就会想到某些过往的经历。

比如，以下是我与铃木先生的一段对话，他因新冠疫情被餐馆解雇失业了。

　　铃木：我被工作的饭馆解雇了。我在餐饮行业已经工作了大约 15 年，但现在却完全找不到下家。一想到不知将来要怎么生活，我就彻夜难眠。

　　我：那真是个不好的消息。铃木先生，那您有没有什么特别的强项，或者擅长的事情呢？

　　铃木：我没什么特殊技能或强项，所以只能在大厅（餐厅的接待）工作。

　　我：那铃木先生喜欢做什么呢？

　　铃木：我喜欢和人打交道。

　　我：嗯，那挺好啊。能坚持待客 15 年也挺不容易的，光这一点就很了不起了。顺便问一下，您觉得和人搞好关系的诀窍是什么呢？怎样才能和对方成为朋友呢？

　　铃木：首先要记住顾客的特点，比如他喜欢的菜品。下次他再来店里时，如果说他喜欢吃烤鱼，我就会主动搭话说"今天这道烤鱼很不错"之类的话。

　　我：嗯，那他肯定会很高兴吧。您是怎么记住这些的？是靠脑子记，还是会写下来？

　　铃木：回厨房时我都会记笔记，然后在当天工作结束后再做整理。

　　我：那看似简单，却很不容易啊！您是怎样记笔记的呢？

　　铃木：我会在笔记上写下日期、客人的名字和他点的菜，再把他看着特别喜欢的菜圈起来，做成一份清单。

我：这种做法是谁教你的吗？

铃木：不是，这是我自己想出来的技巧。

我：这样啊。这种做法感觉有提高销售额或增加回头客吗？

铃木：确实有。之前工作的好几家店里，都感觉回头客变多了。

我：我想现在一定有很多客人，都因为见不到铃木先生而感到遗憾吧。

在这个案例中，铃木先生本人并没有觉得自己通过记住客人喜好来搞好关系的技能有多么了不起。通过着眼于此并询问具体的做法，他才意识到这是自己独特的技能。这也是他发现"宝藏"的瞬间。

"宝藏"最初只是一块原石，可能并未闪耀。同路人在思维整理中的职责，就是将这些原石打磨得闪闪发光。

为此，你就要把"记住客人的喜好"这块原石，通过询问如何记笔记、探寻这一技能与回头客之间的关系等方式来让其闪耀。像这样将其用语言表达出来的过程，就是价值的可视化。

如果在这段对话中，我以下面这种方式来问的话，又会是怎样的效果呢?

铃木:我被工作的饭馆解雇了。我在餐饮行业已经工作了大约 15 年,但现在却完全找不到下家。一想到不知将来要怎么生活,我就彻夜难眠。

我:那真是个不好的消息。顺便问一下,你工作了 15 年,是在做后厨还是大厅工作呢?

铃木:是在大厅。

我:大厅的工作很难做出差异化呀。您有做过一些增加自己额外价值的事情吗?

铃木:额外价值?哎,谁知道呢。

我:总得做点跟别人不一样的事吧。

铃木:这个嘛,说的也是……

我:那您之后想从事什么工作呢?

铃木:嗯,一时半会儿也想不到。应该是……

这样看似在引导对方发现自己的价值,但即使被问到"自己的额外价值"是什么,多数人一时也回答不上来。"寻求差异化"这种说法,也应当引导对方自己说出来,要是由提问者来说,那就再难引出更多答案了。

类似"之后想做什么工作"这种问题,也会让对方感觉是在否定过去。在这种敏感的时刻抛出这种问题,会让对方感觉

144

相当沮丧。

对方的价值只有让他自己说出口，才能得到他的认同。

特别是在像这位求助者一样丧失自信的情况下，对方往往会陷入忽略自身优点的思维定式之中，很难再进行思维整理。如果着眼于对方的价值，就能帮他们摆脱思维定式，从而聚焦于自身的长处。

这种名为"价值的可视化"的着眼点，不仅常用于四个步骤中了解现状和描绘理想的环节，也能在四步骤开始之前就使用。

当对方因遭受失败而情绪低落时，首先要让对方重新认识自己的价值，然后再开始四个步骤，这样才能顺利进行思维整理。

这些方法同样适用于商务场合。

例如，我曾经这样问过一家中小型的网页制作公司的董事长："您觉得要向顾客传递什么样的价值，才能得到他们的认可呢？"针对这个问题，我们展开了以下交流。

他：这么问的话，我们是通过比同行更为耐心细致地倾听客户的需求来得到他们认可的。

我：那很好啊。像这样提炼出得到客户认可的关键点，就会很有价值。那对于之后会有业务往来的潜在客户，您有没有积极地向他们传达贵公司是如何细致倾听客户需求的，以及这种做法的价值所在呢？

他：啊，这我还没考虑过。

像这样让客户意识到自己业务的价值，指出"要不要将这种价值可视化"，对方就会立刻采取行动。

这也是不需要自己提任何建议，对方就会自主行动的一个典型例子。

令人意外的是，负责人自己往往意识不到事业或项目的价值。帮助对方着眼于此，就能让对方感到非常高兴，所以不妨在进行思维整理时试一试。

着眼点 2：是否陷入了思维贫瘠——想象极端情况

不知何时开始流行起了一句话："事情的发展超乎想象。"

"超乎想象"这句话虽然常用于贬义，但我将其理解为在日常思考的基础上更进一步，甚至可以横向拓展，有一种"意想不到的伟大想法"的意思（见图 3-3）。

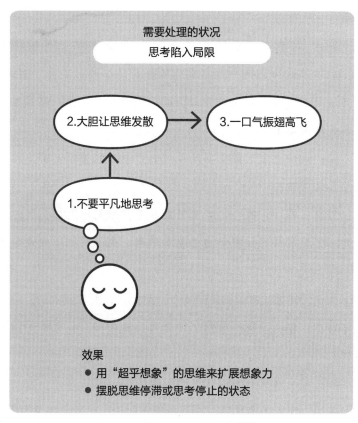

图 3-3　着眼点 2：想象极端情况

　　陷入困境的人尤其会只关注眼前的问题，这时让他们发散思维，"想象极端情况"，这也是一种着眼点。

　　让我们继续前一节中与被餐厅解雇的铃木先生的对话。

　　我：如果说突然有个人愿意投资你 1 亿日元，你会怎么做？

　　铃木：1亿日元？！可能会买一套梦寐以求的独栋吧（笑）。不过这个先搁一边，我除了之前的工作也不会干别的，而且还是干大厅工作比较开心。所以能继续在任何一家店里工作我就很满足了。

　　我：说的也是，最重要的是做自己喜欢的事嘛。那1亿日元要怎么用呢？

　　铃木：嗯……有1亿日元可能就不用给别人打工，可以自己开店了。那样我就能做自己喜欢的事，也不用担心被开除了（苦笑）。

　　我：好主意。

　　铃木：但我不懂经营啊！做菜可以雇厨师，但是要如何管理呢？

　　我：你有没有与管理相关的经验呢？

　　铃木：嗯，怎么说呢？我不懂经营管理，就只会接待客人。

　　我：没有什么从大厅员工转型成经营者的例子吗？

　　铃木：那还是有的。对了，我其实一直梦想当店长来着。

　　我：嗯，那不是很好嘛。

　　铃木：从店长到自己创业当老板，这也是一个办法。

　　为了让铃木摆脱只能被人雇用的思维局限，我便想象了一个极端情况，假设有人会给他 1 亿日元。在这个案例中，咨询者由于被裁员而非常担心生计问题，因此，我们围绕金钱展开了天马行空的想象。但也可以像这样将时间轴拉长到极端：

- "从退休时起开始往前倒推如何？"
- "临终时回望现在的自己，你会怎么想？"
- "如果从逝世 100 年后的视角看现在，你会怎么想？"

如此便能在时间和空间这两个维度上拓展思维，与眼前的问题拉开距离，使其显得微不足道。

在进行思维整理的四个步骤时，如果在现状或理想的环节感觉对方的思维停滞不前了，那就试试直接进行极端的思维转换，让对方的思维重新运转起来。

着眼点 3：视角的平衡——抽象度与具体度的杠杆

日本有句俗语："虫之眼，鹰之眼，鱼之眼。"[1]

---

[1] 用来形容观察世界或解决问题时需要从多个角度出发，提醒人们在做出决策时要综合考虑大局、细节和未来趋势，从而做出更明智的选择。该理论不仅在日本俗语中出现，还被应用于投资筛选企业等实际领域。——编者注

所谓"虫之眼"，是指像虫子一般观察得无微不至，明察秋毫，也就是所谓的微观视角。

所谓"鹰之眼"，是指像空中飞翔的老鹰一般从高处俯瞰，也就是高屋建瓴的宏观视角。

所谓"鱼之眼"，是指像随波逐流的鱼一般审时度势。

进行思维整理时，如果能让对方拥有虫之眼或鹰之眼，就能逐渐进行深入思考。

有些人总是喜欢谈论一些比较抽象的事，比如"当今世界经济是如此这般""这种工作方式才适合日本"。这类人就属于鹰眼人。

他们视野广阔，但话语很难落到实处。如果问他们："那具体来说需要取得什么资格呢？""要如何选择工作岗位？"那他们就很难回答上来了。

反过来，也有些人总是把工资、福利、休假等公司提供的待遇挂在嘴边，却没法回答"你将来想成为什么样的人？"这样抽象的问题，这类人就属于虫眼人。

无论哪种倾向都是思维定式，但如果将鹰眼视角看作抽象度，虫眼视角看作具体度，再在心中用一个杠杆来调节二者，就能帮对方取得思维上的均衡（见图3-4）。

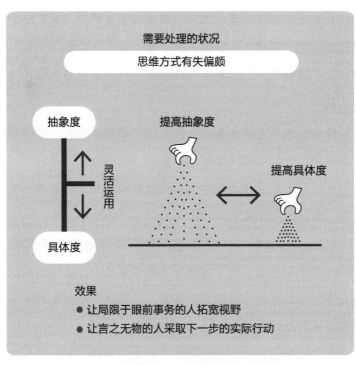

需要处理的状况

思维方式有失偏颇

抽象度

灵活运用

具体度

提高抽象度

提高具体度

效果
- 让局限于眼前事务的人拓宽视野
- 让言之无物的人采取下一步的实际行动

图 3-4　着眼点 3：抽象度与具体度的杠杆

我们仍以之前我和铃木先生的那番对话为例。

我：我想问一个比较抽象的问题。如果你将来有机会开店，你想开一个什么样的店呢？

铃木：啊，这个问题有点突然。嗯……我不太喜欢很小资范儿的店。

我：你平时作为客人常去什么样的店呢？

铃木：我在居酒屋①上班，所以为了研究和学习也经常去别的居酒屋。不过像法餐馆、中餐馆这种去得不多。

我：这样啊。那站在客人的立场上，你喜欢什么样的待客方式呢？

铃木：我喜欢像和朋友一起开的小酒馆那种，比较亲切的待客方式，什么都能随便聊的感觉。

我：能不能说得再具体点？店的大小、租金、装潢和菜品价格之类，这些你是怎么想的？

铃木：这个嘛……能有个米其林星级的居酒屋就好了（笑）。店不用很大，有个吧台和几张桌子就行。小而精致、价格稍高、菜品讲究，另外要了解客人的喜好，用亲切的服务和交谈让他们精神焕发。

我：听你一说，我都想去了。那这种亲切友好的服务就是你理想的待客方式吗？

铃木：现在因为疫情，人和人都不怎么交流了，所以我觉得有必要让大家感受到店里的人气。

我：这真是很棒的想法。

像这样铺垫一下，问对方"我想问一个稍微抽象点的问题"，或者反过来问"我能问个关于具体细节的问题吗"，就能

---

① 指日本传统的小酒馆，是提供酒类和饭菜的料理店。——编者注

让对方思考得更为广泛或深入。

在这个案例中，对方最终得到了鱼眼视角（审时度势）。

如果对方像铃木先生一样只考虑眼前的问题，就可以先引导他用鹰眼视角来看问题，然后再用具体的虫眼视角来讨论细节，让梦想更加具体，从而拓宽视野。

着眼点 4：用数字表达——量化

任何人都能应用这一着眼点。

假设对方确定的主题是"如何增加新客户"。

接下来，我会问对方具体的数字："如果理想情况是 10 分，你觉得现在能争取到新客户的程度是多少分？"

这就是我在咨询中常用的"量化"提问法。

如果对方回答"大概 6 分吧"，那就是还有 4 分的提升空间。然后，我会再次提问："那你觉得是哪些原因让你打 6 分呢？"

如果对方回答"有很多客人都会介绍他们的朋友来店里"，我就会再抛出一个问题："不错啊。那需要做什么才能补全剩下的 4 分呢？"

"如果仅靠客人现有的朋友或朋友的朋友来增加新客，那总有一天会走进死胡同的。我想寻找其他途径。"引导对方给出这样的答案后，就可以再问"那要怎么做""你能为潜在客户提供什么服务"等问题。

除此之外，还可以问"如果满分是 100 分，那你现在的满意度是多少分？""用五等制来评价的话，你觉得现在是第几等？"或者"如果用登山来打比方，你现在大概爬到多高的位置了？"

让对方用数字进行量化能清晰地区分已经实现的事情和（对方认为）未实现的事情，从而更容易进行思维整理（见图 3–5）。

我们继续来看我和铃木先生的对话吧。

我：你每月最少想赚多少钱？

铃木：我还有家人要养，所以希望到手能有 25 万日元，奖金税后也得有个 50 万日元吧。

我：那年收入大概想要多少呢？

铃木：税后每年 400 万日元吧。

我：这样啊。如果赚不到这么多会怎么样呢？

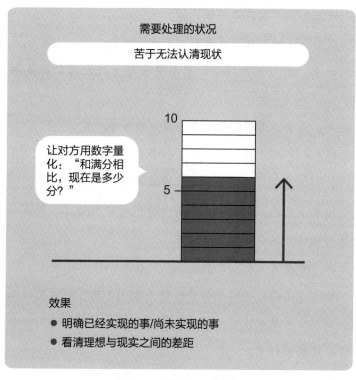

图 3-5　着眼点 4：量化

　　铃木：我现在是租房住，房租很高，每月要 10 万日元。另外孩子也在上课外班，经济压力大得喘不过气。

　　我：这样啊。那假如你将来要开店，现在的你对实现这个目标有几成把握呢？

　　铃木：大约两成吧。

　　我：哦，已经有两成了啊。

铃木：因为我认识一位厨师。

我：剩下的八成里最要紧的是什么呢？

铃木：那当然是门店的启动资金了，我的存款基本都花光了。

我：是吗，那眼下还是需要找个地方上班啊。

铃木：是的，只要能挣钱，去哪里都行。

我：这样啊。疫情之前很多餐馆都缺人手，对吧？

铃木：是的。如果人们能够普遍完成疫苗接种，那情况就会有所好转，客人可能也会回流。

我：那是肯定的。也就是说，现在是积累的时期。

铃木：是的，所以我在考虑能不能先在熟人的店里打工来勉强糊口，等到疫情有所好转，能得到正式聘用了再回居酒屋工作，这样最好了。

我：说的也是，就算不是餐馆，只要能每天有进账就行了。不过这也只是权宜之计，将来你还是希望能发挥自己的特长，对吧？

铃木：是的。

我：假如要开店的话，你想在几年内实现这一目标呢？

铃木：能在 10 年内实现就很开心了。

我：很好。为了实现这个目标，现在要做的就是取得足够的收入，不再动用存款，同时预计在疫情好转后的几个月内利用自己的特长，并为此做好准备，是这样吗？

铃木：就是这样的。

如各位所见，我将铃木先生未来实现梦想的可能性进行了量化。即使数值较低，但只要不是零，那就意味着已经开始向实现梦想迈进了。

在考虑跳槽的时候，先描绘理想，再弥补其与现实之间的差距，这一过程非常重要，否则将会只关注眼前的收入，容易陷入悲观的思维定式中无法自拔。

还有一点需要强调，我在后半部分并未局限于眼前的问题，而是引导他将目光投向了未来。

我称这一做法为"延长时间轴"。

很多人总想着一口气解决问题，那样反而会被困于障碍之中，进退两难，无法预测未来。

比如，我对客户提出方案道："董事长，您要不要试一下这么做？"客户往往会回答："哎呀，这也怪麻烦的，现在正忙得腾不出手。"

他恐怕是想要一蹴而就，因此才觉得做不到吧。

客户会这样想，就是因为脑海中没有时间轴的概念。

此时，我就会建议道："董事长，不必一口气完成，可以分三个阶段进行，将时间轴以一个月、半年或一年为单位进行分割，根据情况甚至可以以十年为一个单位。这样来思考如何？"如此一来，对方的视野就会变得异常开阔（见图3-6）。

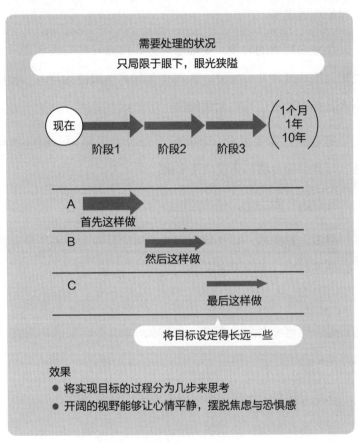

图3-6　着眼点4：延长时间轴

让我们回到和铃木的对话中来。即使他现在生活困顿，只是在为了维持生计而工作，可是从长远来看，一直做自己不喜欢的工作也会很痛苦。因此，我在与铃木先生交谈时，便引导他意识到眼下的状况只是暂时的，是在为自己将来做想做的工作做准备而已。

在四步骤的引导对方发现理想这一环节中，延长时间轴是非常有效的着眼点。

目光局限于眼前问题的人，没心情去考虑一年以后的事。因此，为了让视野变得开阔，同路人就需要帮他们把时间轴延长到未来。这样一来，焦虑的情绪就能得到缓解。

着眼点5：痛点在哪里，如何解决——营销痛点

有个词叫"营销痛点"。

试想，如果你从滑梯上滑下来的时候，中途遇到一根"刺"会怎么样？

"哇，糟了！"你大概会这样想，然后紧紧抓住扶手让自己停下来。把"刺"拔出来就能继续向下滑行，但你却没法这

样做。

这种事在营销的各个环节都有可能发生。比如，在网络购物平台上，用户正准备购买商品，却因为要输入的信息过多、过于复杂而打退堂鼓。这种麻烦的、输入信息的环节，就是用户的痛点。

类似地，潜在客户虽然有签约意愿，但如果签约流程中存在某个痛点，就无法顺利地缔结合作关系。

如果不先解决这些痛点，那么再精妙的营销话术和说服技巧也无济于事。找到痛点并将其解决，这就是营销痛点的核心理念。

痛点的大小和数量因人而异，但几乎每个人都会遇到它。

痛点不仅存在于工作中，也同样存在于生活中。

"有件事我真的很想做，但家人不理解我"的想法就是一种痛点，会使人无法付诸行动。

还有像"我这人一无是处"的想法也是一种痛点。

人们往往难以发现自己身上的痛点，即便有所察觉，也会选择回避，而不是解决它。

在思维整理中，如果能找到这些痛点并加以解决，对方就会意识到自己原本认为无法实现的事其实是能够实现的，从而为其拓宽视野并开辟新的道路。

让我们继续和铃木先生的对话，来了解如何解决痛点吧。

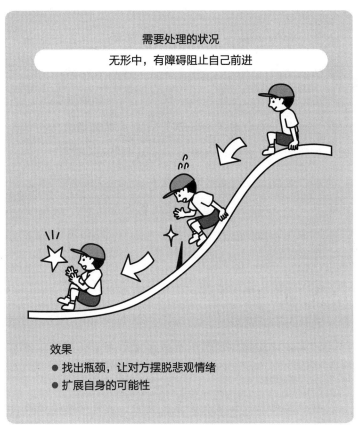

图 3–7　着眼点 5：营销痛点

我：如果你要在10年后开店的话，除了资金以外还需要什么？

铃木：嗯……得找好开店的地方，而且我对经营管理一无所知，像进货和雇用人手这些待办事项实在太多了，都不知道该从何下手。

我：当管理者确实挺不容易的。铃木先生在过去的工作中，有没有学到过什么能对经营管理有帮助的经验？

铃木：没有啊，就像我之前说的，我只会接待客人。

我：比如，你会为了和客人打好关系把他们的信息记在笔记上，那你尝试过把这些信息整理成数据库吗？

铃木：这我也没做过。这么做有什么意义吗？

我：对公司来说，面对一个能展示自己拥有如此技能的人，和一个只会说'我很擅长接待客人'的人，他们会更倾向于雇用谁呢？

铃木：我明白了，的确如此。你的意思是我应该把这个独家方法教给别人，是吗？

我：是的，这样一来，除了被雇用为员工，你可能还会有其他的工作机会。

铃木：你是说我有可能当上店长吗？这样就能学习接待以外的管理知识了？

我：就是这样。你有多年的接待经验，又知道如何招揽回头客，如果能把这些技巧教给别人，那就能为店里带来效益。

铃木：我一直对自己的工作有信心，但没人说过我还能帮店里挣钱。原来如此，如果能当上店长，那可能离当上店主也就不远了。

我：将来如果要开店的话，这对你很有帮助。

铃木：我之前只想着打工。如果说要为自己开店积累经验的话，那就得追求更高的职位了。

在这段对话中，我们所进行的是四步骤中确定理想后，寻找实现其所需条件的环节。

铃木先生在解决"缺乏管理知识，只会接待客人"这一痛点后，发现了新的可能性。如果不解决这个痛点，他就不会带着目的性、为了实现开店的梦想而跳槽，而只会继续做接待工作。

如果不去了解达成目标的所有途径，而只想着一条路走到黑，那么很快就会遇到障碍，这也是一种思维定式。作为同路人，在对方眼界狭隘之时，你需要帮对方拓宽视野，让对方意识到还有其他选择。

解决痛点的一种方法是，直接问对方："你为什么会这么想呢？"

如果对方认为："妻子一点都不理解我。"

你就可以问："你为什么会这么想呢？"

如果对方回答："她不听我说话。"

就可以继续问："你们平时是在什么情景下交流的？""你最想让她听你说什么？"

这样对方可能就会意识到："对啊，我总在她忙着做家务的时候跟她说话，所以她才听不进去。"

如此，对方就会开始思考："什么时候才是能让她认真听我说话的好时机呢？"这时，如果再表示同情，"是啊，对方不理解自己，一定会很难过吧"，展现出亲近的姿态，就能让对方敞开心扉。

但如果只表示同情，可能会让对方陷入对妻子无休止的抱怨中，比如，"上回也是，妻子都不听我讲话""不管我说啥她都会否定"，从而让思维整理变得困难。

因此，找到痛点并加以解决，无论自己还是对方都能摆脱负面情绪的泥潭，从而让心情变得轻松。

还有一种方法是从整体上进行询问，比如："你说和妻子关系不好，那是什么损害了你们的关系呢？"

这样能让对方深入思考，心想："到底是什么在伤害我们的关系？"

可能是因为见面时间太少、缺乏亲密接触、没有共同语言
等问题，也可能是因为自己平时老在家待着，对方因距离过近
而感到厌烦。

这种痛点可能存在于四步骤的任何一个环节中。

在确定主题时，如果对方想将主题定为"如何克服交流障
碍"，就要意识到这可能是个痛点，从而有意识地去解决它。

此外，在思维整理的过程中，如果对方问你"那是什么意
思"，那就代表对方已经准备好要听你的建议了，此时你就可
以说些自己的意见了。

着眼点 6：预测成本效益——投资回报

很多人都希望能明确地知道自己的市场价值，也想了解该
如何确定自己的市场价值。

我经常使用"资金矩形图"将公司的现金流可视化。许多
中小企业都是"粗放式经营"，无法准确把握公司的资金流动。

通过资金矩形图就能看出："如果销售额和毛利率分别

增加 1%，劳动分配率降低 1%，那么经常性净利润就会增加 30%。"[①] 从而发现可以改善的地方。

这种矩形图也能用于解决个人的烦恼。

例如，家庭主妇可以用它来管理家庭收支，学生可以用其管理零花钱。

如果烦恼于"如何筹划教育资金"，使用资金矩形图就能看到应当缩减哪些开支。

在本书中，我将说明资金矩形图的一种全新用法，用其让自己的市场价值可视化。

如果你的成本效益很高，也就是效益大幅超过投入的资金，这就能成为你的"卖点"（见图 3-8）。

让我们继续来看我和铃木先生的对话吧。

---

① 销售额：指商家纳税前收取的全部价款和价外费用（税金除外）；毛利率：指毛利占销售额的比重，其中毛利是收入和与收入相对应的营业成本之间的差额；劳动分配率：指企业人工成本占附加价值的比重，用于反映企业在一定时期内新创造的价值中有多少比例用于支付人工成本；经常性净利润：指在企业净利润的基础上，扣除了企业经营过程中产生的非经常性损益（如政府补贴、出售资产的一次性收益或损失、资产减值损失等等）后的净利润。——译者注

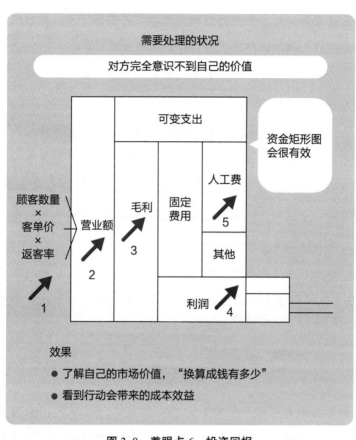

图 3-8　着眼点 6：投资回报

　　我：这是资金矩形图。把餐厅的营业额定为 100，可变支出就是原价。饮食店的成本率大约是 30%，那毛利率（营业额减去成本得到的收益）就是 70%。从毛利中减去固定成本，其中有大约一半是员工工资，也就是人工费；剩下的是房租及广

告费等费用。对于剩余的利润，先扣税再偿还贷款，然后投资
完设备后，剩余的利润就能留作下一年的流动资金。

铃木：我懂了，解雇我的店就是因为营业额下滑，所以无
法完成资金周转。

我：是的。铃木先生接下来要面试的店肯定也希望增加营
业额。要增加营业额有三种方法：增加顾客数量、提高客单价
或提高返客率。如果使用铃木先生的技巧，就能提高返客率，
从而增加营业额。这部分增加的毛利就是你所做的贡献，因此
也会成为你工资上涨的来源。

铃木：我还从来没这样想过。那在面试时我可以跟对方说
"雇用我就能增加你们大概这么多营业额，所以请给我相应的
收入"吗？

我：如果说，假设铃木先生要入职的店营业额是1亿日元，
那毛利就是7000万日元。假设固定成本是6000万日元，其中
包括你的工资在内，人工费是3000万日元，利润是1000万日
元。假设通过你的努力，返客率比去年增加了10%，那么虽然
顾客数量和客单价没变，也会有很大的提升。

铃木：这样啊，如果我能当上经理并将其制度化，那就不
止我一个人，而是所有人都会为此努力，能让营业额有明显
提升。

我：是的。如果返客率增加10%，营业额就会变成110%，

也就是 1.1 亿日元。这增加的 1000 万日元营业额里有七成是毛利，也就是增加了多达 700 万日元的毛利，这应该归功于谁呢？

铃木：是我。

我：那你拿走其中的三分之一也是合情合理的吧？

铃木：那就是 233 万日元。这些钱要是加到基本工资上那也不少了（笑）。当然我不会一个人全拿走，还要分给其他员工，但这也会让人很开心。以前我总是想着谁会雇用我，想法非常被动。但听了你的话，我便觉得可以主动地说"雇用我对你们有这些好处"。

我：对吧。这样一来，你在店内的发言权也会增加，就能发挥更大的影响力。

铃木：感觉学会这个资金矩形图，就能理解营销数字了。

我：你看到了关键点。

铃木：并且，如果能升为店长之类比以前更高的职位，赚更多的钱，就可以为开店积攒资金了。

我：这样的话，这次找工作的过程就成了将来开店的垫脚石。

铃木：真是太感谢你了。我又振作起来了，从今往后会找找店长的岗位试试。

比起抽象地说"你有市场价值"，具体说明"你可以给店里带来 700 万日元的毛利"更容易让人想象到成本效益，从而对自己产生信心。

顺带一提，这个资金矩形图不仅能用于做出商业决策，也能用于激发创意，带来利润。

在理解其机制后，也可以将其用于私人生活和家庭支出管理，我也曾在女子高中讲授过它的使用方法。这一工具就像解谜一样有趣，希望大家都能享受使用它的过程。

着眼点 7：信息量的不一致——信息共享

最后，我想介绍一个与前六个着眼点稍微有些不同的着眼点。

我认为这世上人与人之间的矛盾，90% 都是由于信息量不一致所导致的。

很多人会将问题归结为性格不合或相处不愉快等情感因素，但如果双方知晓的信息能达成一致，就会相互理解对方"是因为这样的缘故，才会有那样的行为"。

信息量的不一致常常会带来差距、误解、冲突等现象。因此，如果能有一个不受情感左右的第三方介入其中，沟通就会变得更加顺畅。

在因为立场或价值观不同而沟通困难时，为了让双方能站在同一层面上进行讨论，所需要关注的着眼点就是信息共享。如果不这么做，双方所说的内容就会相差甚远，永远无法理解彼此（见图 3-9）。

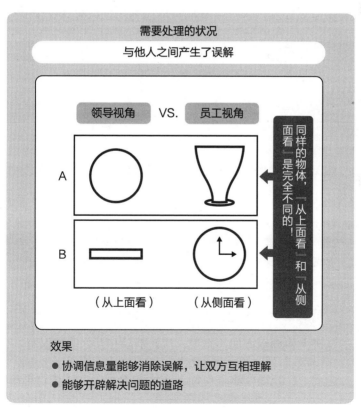

图 3-9　着眼点 7：信息共享

比如，有一位 A 主管和他的下属 B 职员。

A 主管是项目负责人，而 B 职员负责辅助主管。但由于 A 主管工作失误频繁，总是让作为下属的 B 职员为他善后，导致 B 职员非常不满，并向 A 主管的领导——C 经理进行了投诉。

C 经理听了 B 职员的话，便认为 A 主管缺乏领导能力，产生了"索性让 B 职员取代他"的想法。

如果 C 经理仅仅听信 B 职员的一面之词就将 A 主管撤职，那问题就严重了。

C 经理对自己说要冷静，然后找来 A 主管问话，却得到了意想不到的回答。A 主管说："各种工作一下子堆积如山，让他有些应接不暇了。"

这位主管处事温和，不擅长拒绝别人。他也同样抱怨道："B 职员明明能多帮我做点事的，但很多时候我把工作交给他，他却百般推脱。"

像这样通过听取双方的意见去搜集信息，就能够挖掘问题的本质，并为解决问题铺平道路。如果只听取一方的意见，就会导致信息偏颇。因此，解决问题的关键就是，在听取双方意见的基础上协调双方的信息量，从而消除相互之间的误解。

为此，C 经理可能需要对 A 主管和 B 职员分别进行思维整理，再重新审视 A 主管的工作量，明确 A 主管和 B 职员各自的职责和工作范围，才能让工作顺利进行下去。

如果靠这两个人还是无法应对工作，那再增加一个人来帮忙也是一种解决办法。

至此，我已经从我在咨询过程中非常重视的许多着眼点之中，精选并介绍了七个我常用且很有效果的着眼点。

这些技巧不仅适用于进行思维整理，也可以用于许多其他场合。因此，各位不妨逐一实践，我相信一定会产生非常显著且令人愉悦的效果。

第4章

借助事例故事突破思维整理的瓶颈

借助故事的力量打破僵局

我们在电视上经常能看到减肥广告，里面那些前后对比带来的强烈反差总会让人不由自主地想继续看下去。那是因为人们把广告里的故事当成了真正的事实。

那些讲话总是很有说服力的人，究竟有何与众不同之处呢？是他们的声音或手势，还是讲话的内容？

我认为真正赋予他们说服力的是事例故事。

按字典上的解释，事例是指"有代表性的客观事实"，而所谓事例故事是我自造的词，意为"讲述事实的故事"。

故事拥有力量，能够吸引人心。

我们每个人都会不自觉地被事例故事所说服。

事例故事在思维整理中也能发挥巨大的作用（见图 4-1）。

在进行思维整理时，如果和对方交情尚浅，即使问对方"你怎么看？"往往也很难得到回答。

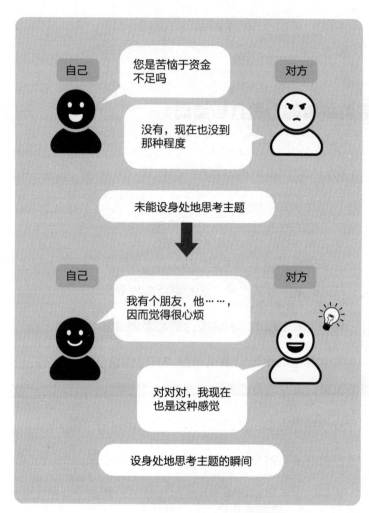

图 4–1　借助事例故事进行思维整理

对方会陷入沉思，许久也不做出回应。如果问对方一个他不熟悉的问题，就会陷入这样没有回答的境地。

我刚开始做咨询没多久就意识到，在这种情况下，需要向对方抛出一个引子。

一开始我的业务并不熟练，会直接问："董事长，您现在是苦恼于资金不足吗？"

对方会回答："现在还不至于。"于是，对话就会变成："那就是没有在担心钱的事，对吗？""也不是完全不担心。"由此，对话陷入了尴尬的境地，无法继续下去。

如果我太直接地问："您是否囊中羞涩？"对方会很难回答。这时我便想到，可以用事例故事来引导对方说出答案。

比如，"我有个企业家朋友，虽然他眼下没有遇到资金问题，业务也在盈利，但这个世道，谁也没法保证未来能一直保持现在的营业额，即使是主要客户也有突然找下家的可能性。因此，如果不能预见未来半年的现金流状况，他就会感到不安。"

通过讲述事例故事，对方就会积极地回应道："对对对，我也正处于这样的状态！"这样一来，你就"只是在讲述朋友的故事"，而非说教或提建议，从而让对方更容易产生共鸣。

三种事例故事

事例故事主要有三种类型，如图 4–2 所示。

```
1.自己的事例

2.他人的事例

3.名人的事例
```

要点

● 不要多余地"自说自话"

● 准备从对方角度出发的事例

● 不要说得太冗长，简明扼要地传达要点

图 4–2　事例故事的三种主要类型

自己的事例

将自己以前经历过的事当成故事讲出来。

在进行思维整理时，如果直接说"我是这么认为的"，即使自己没有这个意思，往往也会被当作在说教或提建议。

讲述自己的亲身经历，给人的感觉就是在"给予思考素材"，从而引起对方的共鸣。同时，也能巧妙地向对方传授自己的经验，拉近双方的距离。

但切记要保持低调，不要过度炫耀自己的成功经历。

他人的事例

讲述自己熟知的、身边人的故事。如果是对方不认识的人，你可以说是"一个我认识的人……"如果故事的内容与对方相符，他就会立刻专注地听你讲述。

名人的事例

引用众所周知的艺人、体育选手和评论家等名人的故事会更有说服力，也更容易让对方产生共鸣。

在商业领域，松下幸之助、本田宗一郎、史蒂夫·乔布斯等人的故事也是为人所津津乐道的。

如果对方明明没问，你却长篇大论地讲起自己的经历或傲人的成绩，这叫作"自说自话"。如果双方还没有建立起一定程度的信任关系，这种自说自话通常很不合适。尤其是在关系尚浅的时候，可能会让人觉得你在向其炫耀，所以请务必小心谨慎。

自说自话和事例故事的区别在于，是否从对方角度出发。

如果只想讲述自己的经历，那你的视角就是以自己为中心的，这时你说的话更多的只是为了满足自己的认同感，自然难以打动对方。

从对方角度出发，就是带着"给予困扰中的对方以启发"这样的想法，再加上适当的开场白，用事例故事深深打动对方的心灵。

当然，事例故事只是一个引子，因此不能说得太长，要讲述得简明扼要，给对方以启示。

比如，在讲述自己自主创业第 10 年的故事时，若从刚开始创业时讲起，那对方就要听你讲完 10 年的事才能明白你讲话的重点。即使你说完了第 10 年的事，重点也会变得模糊，对方可能什么都听不进去。

为了简单明了地传达信息，你需要在平时多积累一些事例故事。在本章中，我将介绍一些积累事例故事的方法。

事例故事能让人设身处地地思考

在讲述事例故事时，关键在于如何让对方设身处地地思考。

如果对方和你看过同一部电影或电视剧，那只需要说"电影的那个场景里，有这么一句台词"，对方就能很快明白你的意思。

顺带一提，一直负责我的书的编辑和我一样都是职业摔跤迷，因此我们聊天时经常会提到和摔跤有关的事例故事。

大家在看电影或电视剧的时候，也有过把自己代入到主人公的角色中，情不自禁地流泪、感到愤怒或喜悦的经历吧？这就是故事的力量。

讲述事例故事也会产生类似的现象，我称之为"电影效应"。

在对方对事例故事感同身受、设身处地地思考时，就会产生这种效应。如果出现了电影效应，那思维整理就可以说已经成功了。

假如，有位总经理因为和员工的立场不同而导致对危机感的认识出现差异，因此感到烦躁。对这位总经理，便可以讲述以下的事例故事：

我有个朋友，他已经五十多岁了，是牙科医院的院长。牙科护士都是二十多岁的女性，因此他要和比自己小三十多岁的年轻人一起工作。作为院长，无论是年龄、性别还是雇佣关系，他和护士的立场有许多不同。

尽管如此，作为医务人员，这位院长在与牙科护士们讨论患者的治疗问题时还是能正常沟通的。然而，在每月一次的经营会议上，当他在白板上写下当月的患者人数、营业额和取消率，以便讨论"如何实现目标"之类的话题时，员工们的表情就会立刻变得阴沉。

尽管没有明说，他也能感觉到员工们应该是不喜欢"医疗行业居然还强调营业额"的做法，因此现场气氛有些紧张。

作为院长，他明白，即使是医疗行业，要经营医院就不得不考虑利润。但员工们完全不理解这一点，这让他唏嘘不已。

在连续几个月营业额不佳时，很难发出奖金，院长会自掏腰包为员工发放奖金。

然而员工们不仅不感激，反而沮丧地说："唉，只有之前的一半吗？"

院长垂头丧气地说："立场不同，我也觉得很无奈。"我觉得这正是"立场不同所导致的危机感差异"的真实写照。

你能理解这种情况吗？

当我将这个事例故事讲给有类似困扰的中小企业总经理听时，他们往往会发自肺腑、感同身受地说："我懂啊，我们也是这种情况。员工真的是不懂经营，还总要提各种要求。"

就如同看电影一般，他们把自己代入到了"院长"这一角色身上。

这种情况下，即使你建议说："贵公司的员工都没什么危机感啊，是不是应该想办法让他们有经营者的意识呢？"对方也只会觉得"话虽如此"，但"太多余了吧"。

通过事例故事来讲述这些，对方就会客观地接受道："那可真过分啊。"

听了那位院长艰苦奋斗的经历后，对方就会萌生出当事人意识，想到"我也必须得做点什么"。

这样一来，他就会开始思考"如何让我们的员工感受到危机感"。正因这种想法是由他自己产生的，所以对方才会主动付诸行动。

事例故事的优点就在于，即使对方无法完美代入，觉得哪里不对，那也不是在否定你，而仅仅是在否定故事而已。因此并不会损害你的形象。

通过不断积累经验，你就能逐渐了解该在何种情况下套用何种事例故事。因此，在尝试中慢慢掌握诀窍吧。

创作以对方为主角的故事

人们常说："要站在对方的立场上思考问题。"

但是，每个人的成长环境、思维方式、价值观及现状等情况都完全不同，要做到这一点并不容易。

如果你觉得很简单，那很可能只是陷入了"自以为是"的想法当中。为了避免这种情况发生，就要进行思维整理。

我认为，了解对方的背景故事就能更加关心对方，从而理解对方的立场。

例如，"贫穷家庭的孩子为了生病的妹妹而偷窃食物"，就算无法认同对方的言行，也能对其背后的动机产生共鸣。

因此，在进行思维整理时，我会详细询问对方提到的人物，想象对方的背景故事。

如果对方正为"与家长教师联合会（parent-teacher association，PTA）会长关系不和"而烦恼，那我就会在了解会长的性别、年龄、性格和行为的基础上想象："这种类型的人会做出何种行为？"这样一来，我就能设身处地地了解对方究竟在烦恼什么。

不要片面地听取信息，而是要结合所了解到的信息，以对方为主角创作一个故事，在脑海中将对方的处境具象化。

如果在不了解情况时就随便建议："对这种人，更直接地说出自己的意见比较好吧？"对方可能会拒绝道："哪有那么简单。"

如此一来，不仅没法进行思维整理，反而会加重对方的困扰。

另外，有些人只是想找人听他们发牢骚。不了解情况就不会知道对方的烦恼有多严肃，因此要先放下成见，倾听对方讲述，这一点很重要。

况且，也有些人的思维方式很悲观。

有的人会想："那个人讨厌我，所以总是躲着我。"

对于持有这种想法的人，你如果直接说："不会的，你想太多了。"对方是不会改变想法的。

这时要做的就是，不否定对方的背景故事，并用另一个事例故事来启发他。比如：

我的领导太忙了，我有事时根本找不到他，电话不接，消息也不看，但我看他对其他同事就会秒回，所以我很震惊，我甚至怀疑他是不是讨厌我。后来我忍不住直接问了他，我才明白，原来对方是根据工作的重要程度来决定优先级的。截止日期比较早的议案就早点回复，其他的就晚点再回，于是我便开始耐心等待了。

像这样讲述一个与对方处境相似的事例故事，对方可能就会觉得："原来是这么回事啊，那干脆我也去问问对方吧。"进而主动采取下一步的行动。

当然，对方也有可能固执己见，说："这事和我的情况完全不同。讨厌我的那个人，一看见我就会跑得远远的。"如果事例故事确实不符合对方的情况，那自然另当别论。但如果无论你说什么对方都否定，那聪明的做法就是不再多费口舌，只简单回应一句："哦，是这样啊。"

如果对方将自己"装在套子里"，不愿听取任何建议，那也不必强行打破他的"套子"，静观其变就好，因为对方现在还不愿从"套子"里钻出来。

不过，即使事例故事没有立刻起效，也可能在某个时刻让对方意识到："那个人可能并不是真的讨厌我。"因此，最好抱着撒下种子的心态，耐心等待。

无论如何，只有他本人才能让自己钻出套子。

即使向对方提供了帮助，但最终决定是否要借此走出来的还是对方自己，这一点请务必铭记于心。

用"灵魂出窍"想象法深入对方的内心

在思维整理的过程中，我会"灵魂出窍"，进入对方的内心……这么说有点像恐怖片，我其实是在说，可以通过这种方式来了解对方的背景故事。

比如，有个下属经常和周围人起冲突。

但他似乎不觉得这是自己的错。即使前辈指出他的问题，他也总是说"是对方误解了我的意思"，把责任推到别人身上。

在别人看来，他就像一个"外星生物"。

这种人是几乎无法从外部进行理解的。因此，在进行思维整理时，要进入对方心中，想象对方的眼睛所看到的世界。

这样一来，你就可能会看到对方心中"大家都不理解我"的景象。

如果对方说"我明明很拼命地工作了，大家却还是不认可我"，那他内心的真实情感——不被认可的不甘与孤独感——就会显现出来。

此刻他眼中的世界会是什么样的？

想象出对方眼中的世界后，便可以抛出问题："你有没有觉得自己明明非常认真努力却得不到认可，因此失去了干劲？"他会回应："有的有的！不管我怎么解释，对方都会认定是我的错，这就让我什么都不想再做了。"

通过这样的对话，了解对方的观点，从而消除双方之间的隔阂。

站在领导的立场上，可能只会觉得"那家伙怎么总做些莫名其妙的事"。但如果能进入对方的内心，就会看到不同的景象，明白他是因为得不到认可而痛苦。了解了对方的背景故事，就能相应地选择思维整理的方式和向对方讲述的事例故事。

正所谓"家家有本难念的经"，不要轻易给人贴上"惹祸精"的标签，而是要尝试通过"灵魂出窍"进入对方的内心，看到对方从外部难以看清的、真实的想法和感受。

如何积累事例故事

专业讲谈师① 简直是事例故事的宝库。

讲谈和落语② 两种表演艺术的区别之一就在于讲述的故事是否真实。

讲谈通常以宫本武藏③ 或大冈越前④ 等历史上真实存在的人物为原型来讲述他们的故事。例如，《忠臣藏》讲述了赤穗四十七士袭击吉良上野介宅邸为主公复仇的故事，而以此为原型的讲谈则描绘了四十七士各自从发动袭击前到袭击成功后切腹自尽的细节。

---

① 讲谈是日本传统表演艺术之一，由一人坐在台上，向大家讲述武将、大人物的故事等和历史有关的内容，类似中国的评书。——译者注
② 落语是日本传统表演艺术之一，主要通过口头讲述幽默故事来娱乐观众，类似中国的单口相声。——译者注
③ 日本江户时代的剑术家、兵法家、艺术家，以"二刀流"剑术闻名于世。——译者注
④ 即大冈忠相，日本江户时代的幕臣，越前为官职名。——译者注

　　和落语一样，有时讲谈也是在演员上台后才根据现场的气氛来决定演出内容。演员要从准备好的数百个故事中，迅速选择出适合现场观众的事例故事来进行表演，这是讲谈专家才能做到的技能。

　　普通人若想随时随地都能讲出事例故事，就需要把这些故事写成文字后积累起来。

　　习惯之后，在进行思考整理时就能迅速想到合适的事例故事并加以讲述，但一开始肯定很难做到这一点。因此，要将自己的经历、周围发生的事以及名人的故事等记录下来，以备不时之需。

　　比如在酒会上，在大家兴致勃勃地聊天时，就能听到一些不错的故事。

　　这时不要只停留在"说得不错""学到了"这样赞美的层面上，而是将这些故事记录下来。人的记忆并不可靠，如果想着"待会再记"，往往会在回家路上就忘了。

　　你可以记在筷子套或笔记本上，不过纸质的东西也容易丢，因此还是用手机记录最为保险。稍微离席一小会儿，然后把故事记在手机的备忘录上，这样也不会破坏聚会的氛围。

　　比如，你为了庆祝结婚纪念日或家人的生日，预约了一家高级餐厅。

虽然餐厅的菜品很美味，网上的评价也很高，但当你满怀期待地打电话预约时，接待人员却态度冷淡，爱答不理地说："哦，稍等一下。"让你等了好几分钟，结果还不耐烦地告诉你："晚上七点已经约满了，八点之后还可以……"此时你的情绪一定很低落吧。

虽然遇到这种态度很差的店员可能只是偶然，但因为要庆祝重要的日子，所以这还是会让人失去想去这家餐厅的欲望，最后你很可能会改为预约其他餐厅。

如果遇到这种经历，要想到"这件事能在今后派上用场"，然后毫不犹豫地把它记录下来。

从小事到大事，从听来的趣事到名人轶事，无论是正面话题还是羞耻的失败经历，你都可以逐步积累下来。如果嫌手动打字太麻烦，也可以使用语音输入，还可以给它们加上"事例故事""待客之道""家庭"等标签，方便在需要时快速检索。

当然，在和对方面对面进行思维整理时，不要拿出手机说"嗯……这个事例……"，你要将其保存在自己记忆中的某个抽屉里。

你在记录时也会留有印象，这样在遇到了相似的情形，就能迅速想到"刚才他说的事，和以前在餐厅遇到的那件事能够产生共鸣"。

不必死记硬背，只要频繁进行思维整理，就会遇到"这时要是能讲个什么故事就好了"的情况。

为此，只要提前进行预习，就能在下次遇到相似情况时将其讲述出来："之前我预约一家餐厅的时候……"

事例故事会在不断尝试和修正中被打磨得更好。不妨先从与朋友的闲聊开始尝试吧。

第 5 章

思维整理的可视化——图示

用图示瞬间实现思维整理

我在写作这本书的时候，正值 2020 年东京奥运会期间
（2021 年 7~8 月举办的）。

在奥运会开幕式上，有一场象形图标舞蹈的表演备受瞩
目。表演者们用哑剧的形式演绎了 50 种代表奥运会项目的
符号。

在 1964 年东京奥运会期间，由于当时日本人普遍缺乏与
外国人交流的英语水平，便有人提出要"制作一种全世界人都
能理解的标志"，象形图标由此诞生[①]。

如今，象形图标已被广泛应用于紧急出口、卫生间和电梯
等各种场所。

图示正是这样一种全球通用的交流工具。

在世界各地残留的洞穴壁画中，也留存着几何图形，这说

---

① 事实上象形图标（pictogram）的历史要更为悠久，但 1964 年东京奥运是
日本首次将其用于国际交流场合。——译者注

明人们从上古时期便开始使用图形进行交流。

到了现代，图示也蕴含着巨大的能量，能在短时间内实现有效沟通，因而备受重视。

比如，在用幻灯片做演示时，人们基本都会将要点一条条列出来以便听众理解。但这也需要观众一条条进行阅读，理解起来稍微有些费事。

况且，即使理解了每句话的意思，仍然难以把握整体概念。

因此，如果将"这一产品面向的是这类目标群体"等要点的信息整理为图示，所要传达的信息便一目了然。

我在进行思维整理时也会使用图示。

表示四步骤的三角形也是图示，但我还会根据对方讲述的内容绘制新的图示，并与对方确认："是这么回事吗？"对方回答"对对对！"的那一瞬间，双方就达成了共识。

图示能够使双方信息量一致（见图 5–1）。

我在介绍着眼点（详见第 3 章）时也提到，许多人是在信息量不一致的情况下进行讨论，因此对话才无法顺利进行。

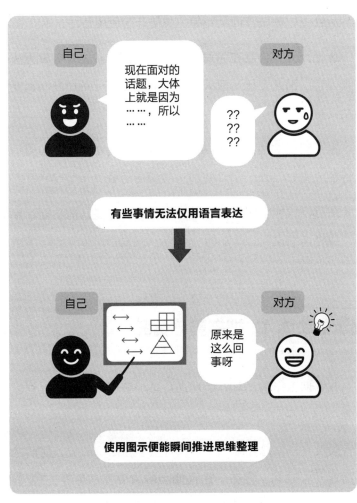

图 5–1　图示能瞬间使双方信息量一致

如果在进行思维整理的过程中，话题突然变得复杂，那通过绘制图示来理清思路便能在最短的时间内达到目标。

从自主创业做咨询顾问起，我便开始使用各种图示。

这是因为我自己在面对对方长篇大论的叙述时常常无法理解其内容，因此会比一般人更希望对方能够"更加简明扼要地传达信息"。

为了实现这种"简化内容"的需求，我才开始使用图示进行解释说明。

图示不仅能瞬间实现有效沟通，还有许多其他功能。接下来，我将详细说明这些功能。

图示的功能 1：把握整体情况

在咨询工作中，对总经理进行思维整理时可能会提到多个角色。

假设有一位总经理、一位执行董事和四位部长，他们之间的沟通并不顺利。你在中途可能会陷入混乱，想着："是营销部总监 A 先生和制造部总监 B 先生关系不好吗？"

若将这些人物关系用关系图（见图 5–3）表示出来，问题便会迎刃而解。各个角色之间的关系一目了然，你也就能够把握整体情况了。

这就好比文本文件的占用空间大但内容少，而图像文件只用一张 A4 纸大小便能传达很多信息。

类似地，在进行演示时，往往用语言解释能传达的信息量大但难以理解，而用图示便能整合信息量，从而加深理解。

图示的功能 2：使盲点无处遁形

通过图示把握整体情况之后，你能更容易发现盲点。

在画出总经理、执行董事和各位部长的关系图之后，便可以推进话题，发现新的问题和角色：

- "是谁下达的这个命令？"
- "啊，这个人我没提过，是我们部门的一位资深员工。"

继续深入探讨，就会发现那位资深员工实际上是公司的后台老板。

图示的效果，就是将这些隐藏的问题"可视化"。

图示可以画在白板、笔记本甚至是任何地方。我常在便签纸上用几笔画出图示，再询问对方："是这样吗？"

接下来，我将介绍我在进行思维整理时常用的五种图示。

有助于思维整理的五种图示模式

▌展示时间安排时使用流程图

"你想在什么时候达成这个目标？"

"达成目标前的时间要怎样进行安排？"

在进行思维整理时，经常会遇到需要表达时间的情形。

这时就可以使用流程图，用横轴来表示时间，纵轴表示待办事项，第一阶段是从哪到哪，第二阶段是从哪到哪……以此类推，用箭头来表示阶段性流程。

让对方在脑海中拥有时间轴的概念，就能使其看清时间安排，了解到"即使现在无法全部实现，但只要在三个月内达成这些进度就好了"。

假如，上小学的孩子每年总在 8 月 31 日才匆匆忙忙地完成作业，这时就可以在暑假刚开始时画出流程图，规划好时间表。比如：

A：7 月 20 日至 7 月 31 日：算术习题（共计 30 小时）；

B：8 月 1 日至 8 月 5 日：字帖（共计 5 小时）；

C：8 月 6 日至 8 月 20 日：读后感（共计 6 小时）；

D：8 月 1 日至 8 月 31 日：自由研究（共计 10 小时）；

E：7 月 20 日至 8 月 31 日：图画日记（共计 20 小时）。

如图 5-2 所示，结合大致需要花费的时间画出流程图，便不会困惑于"要从哪里开始写"，反而会感到"其实要做的事情不多"，从而减轻孩子的心理负担。对于 C 项的读后感和 D 项的自由研究，也可以进行更为详细地规划时间安排，比如 100 天内读完一本书，再用 5 天写读后感。

掌控全局之后就会发现："只要上午完成算术练习和图画日记，下午就可以玩了！"这样也能明确一整天的时间安排。从女儿上小学起，每年暑假我都会为她制作这个时间表的框架，然后和她一起思考应当填写什么样的内容。

此外，成年人在考取资格证书时，使用流程图也能防止其总是以"想考下来，但太忙了根本没空学习"为借口。

考试日期确定后，就从那一天开始倒推，首先是背单词，然后是学语法，再然后是练听力……像这样将要做的事以时间段划分开来。然后再将时间安排细分:"要在三个月内背完单词的话,一天要背多少个呢?"随后就会发现:"一天只要背10个呀,那就能做到了!"

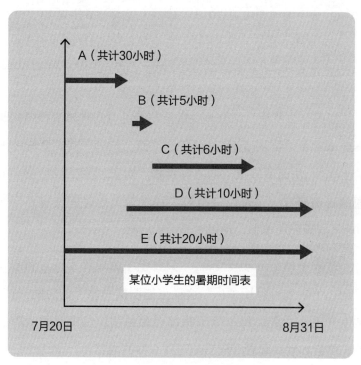

图 5-2　展示时间安排时使用流程图

只要用流程图将日程安排表示出来,就能摆脱"事情太多做不完"这样的思维定式。

表示人际关系时使用关系图

如标题所示，关系图用于表示多个角色之间的关系。

除了金字塔图以外，也可以通过多重圆环图的方式来表示这种关系。

如前所述，当对话涉及多个人物时，画出关系图就能让人物关系一目了然。

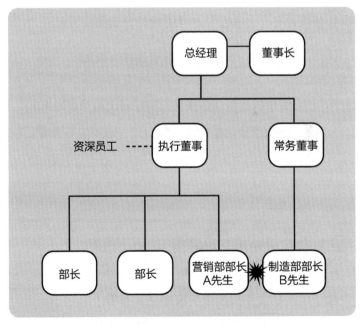

图 5-2　表示人际关系时使用关系图

若除主要人物之外出现了次要角色，比如："我们公司的董事长现在基本不负责具体事务，但偶尔会向我这个总经理提出一些建议。"这时就可以在旁边加以补充。

通过使用关系图，可以和对方相互确认当前的状况是由哪些登场角色交织影响而成的。作为听众的自己便能够更好地把握情况，对方也能对角色关系一目了然，明白哪位角色的影响力更大。

此外，在进行对话时，可以指着关系图问："董事长不会对执行董事说些什么吗？"这样进行讨论就非常方便。

这样一来，对方的思维就会得到整理，例如：

- "对于董事长，有什么需要提前准备的开场话题吗？"
- "啊，说的也是。提前说一句，他一般不会有意见。以后在做重大决定之前，先告诉他一声可能会比较好。"

▌ 话题散乱时使用思维导图

思维导图是由英国教育学家托尼·布赞（Tony Buzan）发明的，被广泛应用于全世界。它是一种发散思维和记录笔记的方法，常用于产生创意或整理思维。

在进行思维整理的时候，也可以使用思维导图来代替之前介绍的三角形来推进四个步骤。

首先，将四步骤之一的主题写在正中间；其次在其周围，顺时针呈放射状依次写下现状、理想和条件。关键是要利用360度的空间来拓展思维，从中心开始呈放射状来书写，这也是一种顺应大脑思维机制的方式。

最后写下现状、理想状态以及实现理想所需的条件，最终形成一副以主题为中心，围绕其展开的图，并将待解决的问题及解决措施开枝散叶般扩展开来。

思维导图的优点在于，即使话题散乱也不会造成困扰。

当谈及改良现状所需的"条件"时，即使想到"啊，也许还有其他理想"，也可以将其写在空白处。

这样灵活地加以补充，即使思维发散也不会使得讨论迷失方向。人们的思维通常不是线性的，而是反复跳跃的，有时突然离题，然后又回到主题上来。因此，思维导图便能很好地应对这种情况。

在对那些思维跳脱的人进行思维整理时，思维导图往往很有用。

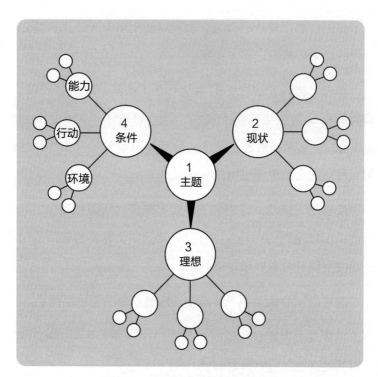

图 5–4　话题散乱时使用思维导图

　　对那些不熟悉思维导图的人来说，可能会有"边聊天边扩展图形，感觉很难""直接罗列关键词更快"之类的想法。

　　但如果选择直接罗列关键词，就很难再加入新的想法，比如出现"想在第三个关键词后面加入这些内容，但没地方写了"这样的情况。

　　并且，当信息量较大时，罗列关键词的方式便需要逐个阅读，因而难以把握整体，也难以快速理解多个关键词之间的关系。

此外，罗列关键词会逐渐形成层级结构，最初写下的往往会被视为核心内容，而思维导图能通过与中心圆的距离来有层次地表现抽象和具体的关系。

思维导图能让主次关系一目了然，因此有助于判断该优先从哪些问题下手。

思维导图还可以用来解决复杂问题、发散思维和整理复杂的工作流程，用途非常广泛。

在进行思维整理时，如果对方正为"要做的事情太多，不知从何下手"而烦恼，那可以使用思维导图来理清状况。

令人意想不到的是，我在帮助女儿整理大学里布置的课题作业时也使用过思维导图，并且效果很好。

近年来，大学布置的作业会涉及一些社会问题，比如我女儿被要求"写一篇关于时尚与环境问题关系的报告"。

如何在有效利用资源、尽可能在减少废弃物这一趋势与时尚性之间取得平衡，这是一个很难回答的问题。

女儿也苦恼于该写些什么内容，因此，我便用思维导图来帮助她进行思维整理。

我准备了一个笔记本，在中心画上一个圆，写上"时尚与环境问题的关系"。

作业说明中要求"读一篇论文，并完成三件事"。

首先是"陈述论文中的结论"，因此我将"结论"作为一个分支写在了中心圆的附近；接下来是"写下优点和缺点"，于是我继续添加优缺点的分支；最后的要求是"陈述自己的意见"，因此我再从中心圆中延伸出一个"个人意见"的分支。

像这样整理之后，我告诉她："将这些要素——列举下来，再汇总成报告不就行了？"她高兴地说："这样感觉就会写了！"

思维导图同样是一种"实践出真知"的方法，如果不去尝试是没法掌握其用法的。即使写得乱七八糟、一片狼藉，也能通过思维导图大致掌握全貌，因此别太有负担，放心大胆地去写吧！

▎寻找盲点时使用矩阵图

矩阵图通过用横轴和纵轴分隔出四个空间来区分要点。**使用矩阵图，可以揭示被忽略的盲点。**

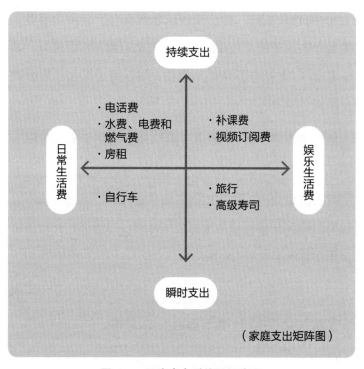

図中文字:

持续支出

·电话费
·水费、电费和
燃气费
·房租

·补课费
·视频订阅费

日常生活费

娱乐生活费

·自行车

·旅行
·高级寿司

瞬时支出

（家庭支出矩阵图）

图 5-5　寻找盲点时使用矩阵图

在工作中，矩阵图可以用来确定"被忽视的市场在哪里""这个产品的优势是什么""应当聘请什么样的人才"等公司整体上的问题，也可以用于为自己的工作内容划分优先级。

在个人生活中，可以用其分配家庭成员的家务，或者在调整家庭支出时，用矩阵图来分别表示生活费、教育费、贷款等支出，发现如"信用卡消费太多，年费超支了"等盲点。

"时间管理矩阵"在工作领域非常有名，它由史蒂芬·柯维提出。在其著作《高效能人士的七个习惯》中，他以"紧急与不紧急""重要与不重要"为轴，将任务（工作）划分成了四个象限。

他在书中指出，"重要但不紧急的事"位于第二象限，应当被优先处理。

将自己承担的工作分配到这四个象限中，就会发现"花了太多时间写既不紧急也不重要的报告"这一盲点。各位也可以尝试用矩阵图来规划自己的工作。

了解整体关系时使用层级金字塔图

层级金字塔图是表示关系的金字塔形图表。**当存在众多复杂的关系因素时，层级金字塔能帮助我们从视觉层面捕捉其关系。**

用于表示"马斯洛需求层次理论"的金字塔图就极具代表性。此外，它还常用于表示身份阶级。在医疗领域，用于表示"失误"与重大事故之间关系的"海因里希法则"金字塔图也很常见。

金字塔图还被广泛用于表示步骤的阶段或资格的一、二、三级的比例等许多场合。

比如，如果咨询对象是一名推销员，他希望增加新客户，此时绘制一张金字塔图来确定应当瞄准的目标人群会很有效。

金字塔的最下方是没有考虑购买产品，也没有任何需求的人；倒数第二层是没有考虑购买产品，但有需求的人；金字塔的最顶层是考虑购买产品，并且也有需求的人。

这样一来，该瞄准哪个层级的人群便一目了然了。

我经常使用名为"销售漏斗"的反转金字塔图。

所谓"销售漏斗"，指的是通过揽客产品（前端）来聚集潜在客户，使用教育产品（中端）来对其进行价值教育，并通过收益产品（后端）来提供高附加值服务的这一系列设计好的流程图。

在自主创业成为咨询师后的第一年、第二年、第五年、第七年、第十年……我都会在这些节点使用图示来表示自己是如何揽客的，它在构建持续创收的商业模式方面非常有用（见图5-6）。

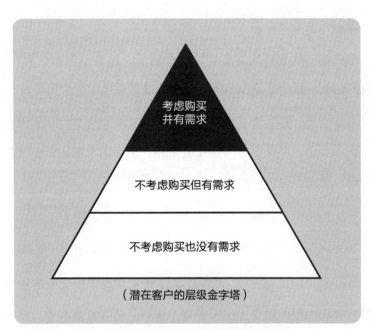

图 5-6　了解整体关系时使用层级金字塔图

　　到目前为止，我已经介绍了五种图示。各位不用考虑得太复杂，只需简单画出几个图形就可以了。比如，如果出现了三个人物，那只需画出三个圆并把它们用线连成一个三角形，便能使人物关系"可视化"。

　　巧妙套用图示，能理清混乱的谈话内容，使思维整理有条不紊地进行。我衷心希望大家都能体会到这种效果。

第 6 章

通过增加"抽屉"，提高思维整理的速度

总结对方发言的方法

大家知道"一万小时定律"吗？

加拿大著名作家和记者马尔科姆·格拉德威尔（Malcolm Gladwell）在其著作《异类》（*Outliers*）中提出了这一理论，并将其广泛传播。这一理论认为，要想在某个领域成为专家，就需要花费一万小时进行勤奋的训练。

若每天练习八小时，那么要达到一万小时就需要大约三年零五个月。

你可能会觉得："竟然要花这么长时间！"但反过来想，这也意味着，只要肯下三四年的苦功夫，谁都可以成为专家。

思维整理也是一样的。

我通过在咨询工作中的不断试错，才终于能够为对方（总裁级别的人物）进行思维整理。但是，各位读者不必那么辛苦，可以以最快的方式成为思维整理专家。

在第 1 章中我曾提到，一开始我在进行思维整理时也很不顺利。

当我试图总结对方的发言时："您刚刚说的是这么一回事吗？"

对方总是会否认道："不对，不是这样的。"我也要经过多次反复才能做到准确总结。

但是，下一次遇到类似的状况时我又会被否定："不对，不是这样的。"然后再次意识到这种情况需要用另一种方法来总结。通过如此反复，我积累了许多引导别人发言的技巧。

因此，接下来，我将为大家简单说明如何通过"巧妙总结对方发言"来让其思维整理步入正轨。

在思维整理的前期，当你不知该如何提问时，首先应该做的就是重复对方的话。

最基本的方法是："现在我状况很糟。""很糟啊。"

像这样复读对方说的话。

最初只需这样做就够了。但如果一直像"我和岳母关系不好""和岳母关系不好啊"这样重复的话，对话就难以推进了。

因此，还需要使用表达情感的词语，比如："我和岳母关系不好。""和岳母关系不好，很让人烦恼啊。"

仅需"烦恼"这样一个表示情感的词，对方的态度就会有显著改善，回应道："就是啊！"

比起事实，在情感上共情对方，会更能让人产生被理解的感觉。

大家能表达多少种情感呢？

快乐、兴奋、喜悦、悲伤、痛苦、愤怒……这些词大家应该都能脱口而出。

此外，还有喜欢、厌恶、沮丧、困扰、痛苦、积极、得意、自豪、感动、烦恼、不快、郁闷、叹服等诸多表达情感的词汇。

如果能熟练掌握这些词的用法，对方就会感到自己被理解了，从而敞开心扉。

这对我来说是一个重大发现。

仅仅通过重复对方话语中隐含的情感就能让对方信任自己，而如果再用上某些技巧，思维整理就能发挥超乎想象的效果。

那就是重复情感与中心球瓶的技巧，我称之为"总结性重复"。比如下面这样的对话：

对方：我和岳母的关系不好，现在情况很糟糕。

我：举个例子，是哪些事情上相处不好呢？

对方：岳母总是不打招呼就突然来我家。好不容易把小孩哄睡着了，或者是我累了想小睡一会儿的时候，她就来了，我不得不招待她……要是家里很乱，她还会说"一整天都在家，为什么不收拾收拾呢"之类的话。就算我跟她说"以后来之前可以打声招呼吗"，她也不听。

我：这样啊。你是不喜欢岳母不打招呼就登门拜访呀。

最后一句话就是在进行总结性重复。

从对方话语中能够感受到困扰的情绪，而对方的中心球瓶就是岳母喜欢不打招呼就上门。

只需要将这两点浓缩后再用语言传达给对方就好了。

如果只重复感情说："这样啊，那可真是糟糕。"这样会给人一种"事不关己，高高挂起"的感觉。虽然对方也会顺着你的话说下去，但没法做到对你毫无保留地倾诉。

实际上，**大部分思维整理只需要使用总结性重复就能完成。**

例如，牙医在首次问诊时会有如下对话：

患者：之前的牙医总是会立刻把虫牙磨掉，哪怕只是有点发黄。我就会想真的有必要这样吗？我想再问问其他医生的意见，所以来到了这里。

　　牙医：这样啊。您是对之前那位牙医的治疗方法感到担心，对吧？

图6-1　用"总结性重复"让思维整理步入正轨

这样就足够了。

通过对方说的话，总结出对方对磨牙这种治疗方案的疑虑（中心球瓶）以及不安（情感）的情绪，再将这些话说出来，传达出"我在听你说"的信号。

也可以更简短地概括为"这确实很让人担心啊"。中心球瓶和情感有时也可以合并表达。

但是如果对方讲述的事情比较复杂，即使使用总结性重复也可能出现偏差，被予以否认："嗯……不是这样的。"

最初，成功率可能只有一成左右，余下的九成都会有失偏颇。但只要重复 100 次，你也能够成功总结出 10 次之多。

之后，成功率也会由一成逐渐上升到一成半，并在某一时期得到飞跃性的进步。反复的练习能让思维整理得到进步。

我建议大家先在家人、朋友或周围人之间进行练习。

在我主讲的咨询师培训班里，我也会给学员布置作业，让他们互相为对方进行思维整理。学员们会两人一组，轮流扮演教练与客户的角色，进行每人 30 分钟、共计 60 分钟的练习。这一课程为期 6 个月，学员共有 30 人，因此每人每月都能为 5 个人进行思维整理。

了解掌握一项技能所需的练习次数会大有助益。我会让学员们首先在一个月内对 10 个人进行思维整理，由此对思维整理的四个步骤产生实际感受。

接下来的目标是一个月 30 个人。在这 30 个人里，会有反应积极或消极的人，也有喜欢肯定或否定的人。体验到各种不同的情况，可以拓宽他们技巧的应用范围。

然后，我会建议他们将在一年内对 100 人进行思维整理作为目标。在积累了 100 个人的经验之后，他们不仅会变得熟练，还能够学会处理各种不同的案例，增强自信。

的确，需要经过如此大量的练习，才能在实际的咨询工作中进行思维整理。但即便是经过了大量练习，在实战中往往也会遇到令人意想不到的回应，让人感到不知所措。

然而，当你成功整理了对方的思维，得到了对方的认可，就会感到无与伦比的成就感，足以让你忽略之前经历的所有辛苦。因此，你不妨试着通过练习来使自己逐步变得熟练吧。

此外，除了思维整理，在日常交流中同样应当注重"量大于质"。

并不是只有通过交流培训班、掌握了完美的交流技巧后才能与人交流，而是应当在每天的生活中有意识地遵循模板，逐渐开口与人交谈，让交流技巧得到显著提高。

构建一个能放空大脑的体系

一位年轻的领导被指派主持会议，在听取成员发言的过程中，他往往会因为拼命想记住听到的信息，而无法集中精力听取当前正在进行的讨论。这种情况很常见。

这就意味着他没有专注于对方的发言。为了解决这种问题，我推荐大家使用本书中提到的思维导图笔记法等方法，在听取对方的发言的同时记下关键词。

即使后面忘记了发言的内容，只要看看笔记就能回忆起来，没有必要完全记住。这样一来，大脑就能够全力运转。

在会议或商业洽谈等重要的商业场合，大家应该都会记笔记，但在私人咨询时可能就不会。

在思维整理中，将四步骤画成三角形，以此记下听到的信息，就相当于是在记笔记。

记笔记能让你自然地集中精力听对方说话，防止走神或分心。这是一种超乎想象的高级技巧，因为它需要你即时概括对方的讲话内容，极大地锻炼了自己的脑力。

这样一来，信息将更容易在脑海中留下印象，并且与对方分享记录下来的信息，能让对话进行得更加顺畅。在做笔记的同时集中注意力，无疑是让思维整理能够顺利进行的最强技巧。

在倾听对方说话时，如果想着"在这时可以讲一个事例故事。嗯……之前在杂志上读到的那个好故事是什么来着"，就有可能错过重要的内容。

因此，在进行思维整理时，一定要做到全神贯注，专注于对方的语言、表情、声音、动作等一切内容，不要考虑其他事情，这是基本要求。

要做到这一切的大前提，就是放空大脑。

如前文所述，我会将事例故事记在手机的笔记软件里（详见第4章），这也是为了放空大脑。因为记下后能随时查看，可以任凭记忆逐渐消退。

但如果你想着"先记下来，下次谈话时使用"，在谈话前反复在脑海中思索这些信息，并不断寻找讲故事的时机，就会无法集中注意力听对方发言。

因此，我会使用手机备忘录、笔记本、素描本等不同工具来记录各种信息，记录在咨询现场或私人场合，谁说了什么，对方又问了什么，等等。

读到这里，可能有人会疑惑道："可是，即使用文字记录了这些信息，但大脑没有记住的话，也用不上吧？"

想要记住这些信息，最好的方法就是输出。

如果在杂志上读到了一个有趣的故事，你可以当天就向家人或朋友讲述："稻盛和夫在采访中提到……"

自己说过的话会更容易在脑海中留下印象。通过平时这样反复讲述，就能在需要使用事例故事的时机回忆起它们。

提前在某些场合输出积累下的信息，将更有助于记忆。

真正的"记住"并不是指记忆。记忆和回忆是两套体系，也就是说，只有随时能够回想起记忆中的事并将其讲述出来的状态，才能称之为记住。

输入信息，并将其进行输出，这样才能将收集来的信息化为己用。

在社交媒体上发布自己感兴趣的信息也是一种输出方式。我会将记录下来的信息通过邮件、社交媒体、公众号等方式进行发布，以此来加深印象。

这样，平时输出的信息就会留存在记忆深处，在思维整理的重要时刻浮现出来。

我一直都在强调，**取得飞跃性成功的秘诀在于"先输出，后输入"。**

此外，先设定好输出对象再进行输入，就能避免积攒过多信息，从而能经常接收到新的信息。

大家身边应该也有喜欢反复说车轱辘话的人吧？为了避免这种情况，你需要在设定好输出对象后再进行信息输入，不断地更新自己的信息。

在进行思维整理时，如果每次都说同样的话，可能会让人心想："他怎么又这么说？是不是没有认真在听我说话？"因此，要在实践中通过不断使用事例故事来获取新信息，更新自己的信息库。

一个行动三个目标将对方的幸福最大化

读到这里，如果大家有了想对谁进行思维整理的冲动，那不妨立即付诸实践。虽然需要不断反复，但思考整理术就是要在实践中不断精进的技术。总之，先去积累经验，一步一步地前进吧。

最后，我想介绍一下我的座右铭——一个行动三个目标。

这一理念是指，对于每一个行动，都要预先从三个不同的角度去设定目标，从而将生产率提高到三倍。在进行思维整理时，我也秉承着这一理念。

本书所提倡的思考整理术，也有以下三个目标：

- 解决对方的困扰，将对方的幸福最大化；
- 提高自身的沟通技巧，增强自信；
- 赢得对方信任，建立友好的相互关系。

思考整理术不仅是一举两得，甚至可以说是一举三得。

关键在于，只有把"将对方的幸福最大化"作为第一个目标去实现，才能达成第二个和第三个目标。如果只想着自己的利益，就没法成功进行思维整理。

专注于如何使对方的幸福最大化，才能达成全部的三个目标（见图 6–2）。

要做到用一个行动达成三个目标，首先需要调整好自己的心态。

举个例子，当你刚刚被领导训斥，随即就有下属来找你商量事情，此时即使你想沉下心来专注听对方讲话也很难做到。如果没有足够的心力来听对方讲话，思维整理就无法顺利进行。

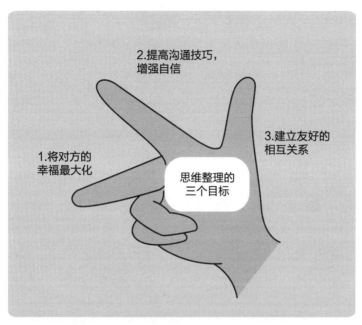

2.提高沟通技巧,
增强自信

3.建立友好的
相互关系

1.将对方的
幸福最大化

思维整理的
三个目标

图 6–2　通过思维整理实现一个行动三个目标

　　感到身心疲惫的最大原因在于, 你会考虑如何保全自己的利益, 从而揣度和回避对方。

　　如果能够以"我愿意为对方花时间"的利他精神来行动, 便不会那么容易感到疲惫。

　　我希望大家能够在相信对方潜力的基础上来为其进行思维整理。这样不仅能让双方的关系得到改善, 让对方受益, 你的疲惫感也能得到缓解, 从而收获更大的幸福。

对方的"请教"其实是希望得到"顿悟"

在我 27 岁选择自主创业成为咨询师之初，我有一个很大的误解。

当时我遇到的老板们会说"希望能请教一下如何增加销售额""希望能请教一下如何培养人才"。那时的我总是天真地以为他们是真的想要学习正确答案。

当我按照他们的要求传授（我所认为的）正确答案时，我不仅没有得到他们的赞扬，反而招致了诸多反感。

"你对我们的行业了解多少？"

"你对我们的公司了解多少？"

"凭你那点经验，还真敢提建议啊！"

甚至还有人会毫无理由地抱怨："以前也聘请过咨询师，但他们只会把公司搞得一团糟，然后就辞职跑路了。"

在对这种不讲理的情形感到委屈的同时，我也意识到，的确，在这个经济发展成熟、重视多样性的时代，经营管理真的有正确答案吗？无论是否存在，这种存疑的"正确答案"都没法传授给别人。至少应该正确把握面前这位咨询者的情况，然后才能提出解决方案。

通过这些经历我才明白：在接受他人的咨询时，不能只在字面上理解他们的意思。应该将其视为对话的入口，试图理解其背后真正的意图，正确把握对方的情况才是最重要的。

在这个多样且充满不确定性的时代，本书所介绍的专业思考整理术正变得越来越重要。它不仅适用于经营管理，还能用于销售、培养下属、职业规划、育儿及邻里关系等诸多人生场景中，这正是本书想要传达的内容。

进行思维整理技巧非常简单，所以它不仅可以用于解决自己的问题，也可以作为一种强有力的工具来最大限度地发挥作用，用于帮助客户、同事、朋友、家人等重要人物解决问题。经过尝试你就会发现，一开始对方可能一脸阴沉，但在某个时刻脸色就会由阴转晴，眼神也会闪亮起来，并感谢你道："我恍然大悟了，就试试这么办！"

这种体验即使经过多年，也会带给你莫大的喜悦与感动。

因此，思考整理术对双方来说都是一种愉快的体验，能增进双方的关系。那些完成思维整理的人，也能通过这种过程，找到解决问题的途径。

如果您希望体验思维整理的过程，可以参加我主持的研讨会，并在公开问答环节中举手尝试。如果您是企业家，也可以委托我的同事为您提供服务，他们现隶属于日本现金流教练协会，在会人员 700 多人，活跃于世界各地。他们已经掌握了本书所介绍的"远见指导法"，因此一定能助您一臂之力。

希望大家能摒弃完美主义，勇敢尝试。

特别为读者准备的礼物

接下来，我要介绍一份特别为大家准备的礼物。

可能有人也想知道，在尝试挑战本书所介绍的思考整理术后，实际获得的体验将会如何。因此，我将把我从成功的实际咨询经验中提炼出的"思维整理对话"总结为一份报告，作为特别礼物送给大家。

咨询案例有二。

其一是一位男性企业家，他正在为"如何与总是反抗自己的高一女儿和睦相处"而苦恼。

其二是一位苦恼于工作繁重、没有个人生活的独立咨询师，他的疑问是"如何在维持收入的同时减少工作量"。

我推荐大家在阅读的同时，总结出我是如何在不提供具体建议的情况下，通过对话帮对方找到方向的。

为了尽可能让大家有沉浸感，我并未过多修改实际对话的内容，只为了增加可读性而进行了最小限度的编辑，并在最后加入了对要点的解说。

你可以通过如下链接进行下载：

https：//wani-mc.com/shikouseiri/

最后，正如我在之前出版的书籍中所提及的，我的愿望是在实现自身愿景的同时，助力同伴和客户实现他们的愿景，并将其影响力最大化。

希望本书所介绍的思考整理术，能够在大家的实践中得到广泛传播，使得更多人有志于追求愿景的生活，共同创造一个令人充满期待的世界。

感谢你垂阅本书。

北京阅想时代文化发展有限责任公司为中国人民大学出版社有限公司下属的商业新知事业部，致力于经管类优秀出版物（外版书为主）的策划及出版，主要涉及经济管理、金融、投资理财、心理学、成功励志、生活等出版领域，下设"阅想·商业""阅想·财富""阅想·新知""阅想·心理""阅想·生活"以及"阅想·人文"等多条产品线，致力于为国内商业人士提供涵盖先进、前沿的管理理念和思想的专业类图书和趋势类图书，同时也为满足商业人士的内心诉求，打造一系列提倡心理和生活健康的心理学图书和生活管理类图书。

《逻辑思维经典入门》

- 一本适合反复阅读的逻辑思维经典入门读物。
- 美国"新思想运动之父"、心理学思潮先驱写给大众的认知高阶思维——逻辑常识普及书。
- 逻辑思维是所有学科之母，逻辑思维能力决定了我们与领导、同事、家人、推销者及陌生人的沟通与相处方式，决定了我们对权威论断和新鲜观点的态度，从而深度影响我们的日常决策和行动。

《图解统计学思维》

- 通过对统计学中的直方图、均值、方差、标准差、正态分布、二项分布等关键概念进行图文并茂的讲解，推动更多人树立逻辑推断和数据驱动决策的思维方式。
- 学习用统计学原理和方法来思考和解决问题，帮助我们看懂行为、现象背后的动机、逻辑和趋势，培养批判性思维、科学素养和数据技能。

《真相永远只有一个：跟柯南学逻辑推理》

- 逻辑推理能力 = 信息搜集力 + 问题分析力 + 判断准确性 + 问题解决力。
- 本书作者以备受读者欢迎的漫画《名侦探柯南》中的经典桥段为基础，搭配图解说明，娓娓道来逻辑思维的思考方式、形成过程和应用场景。无论你是初次接触逻辑思维，抑或全然不知其为何物，本书都将对你的思维提升大有帮助。

《越整理，越好运：一学就会的懒人收纳术》

- 收纳源于心情，却总能治愈心情，跟收纳师学习收纳思维，懒人也能拥有有滋有味的生活。
- 在本书中，作者提供了切实可行的适合更多家庭的收纳方法，通过分别讲述玄关、客餐厅、厨房、卫生间、衣柜、阳台、书房等的收纳技巧来探寻和讲解什么是收纳思维，让大家养成收纳思维中的行为习惯，学会巧妙地"偷懒"，同时获得收纳红利，让生活更加便捷，更加节省时间。

《可复制的高手思维：成事、成长的结果达成力》

- 本书从个人成长周期模型的视角，借助结果力达成模型，帮助年轻人认清自我，躲避职场常见的"坑"。
- 帮助我们认清个人职业发展阶段和个人特质，在职场实现更顺应规律的成长。